愛犬と20年いっしょに暮らせる本

いまから間に合うおうちケア

星野浩子
Hoshino Hiroko
ほしのどうぶつクリニック院長
獣医師・特級獣医中医師

上）後ろ足の筋力低下により腰が下がっていたラブラドールレトリバーのショウちゃん（15歳）。

下）お灸と鍼の治療で筋のこわばりがとれ、毛ヅヤもよくなり、腰を高い位置で支えられるようになりました。現在も定期的に治療をつづけています（本文176ページ）。

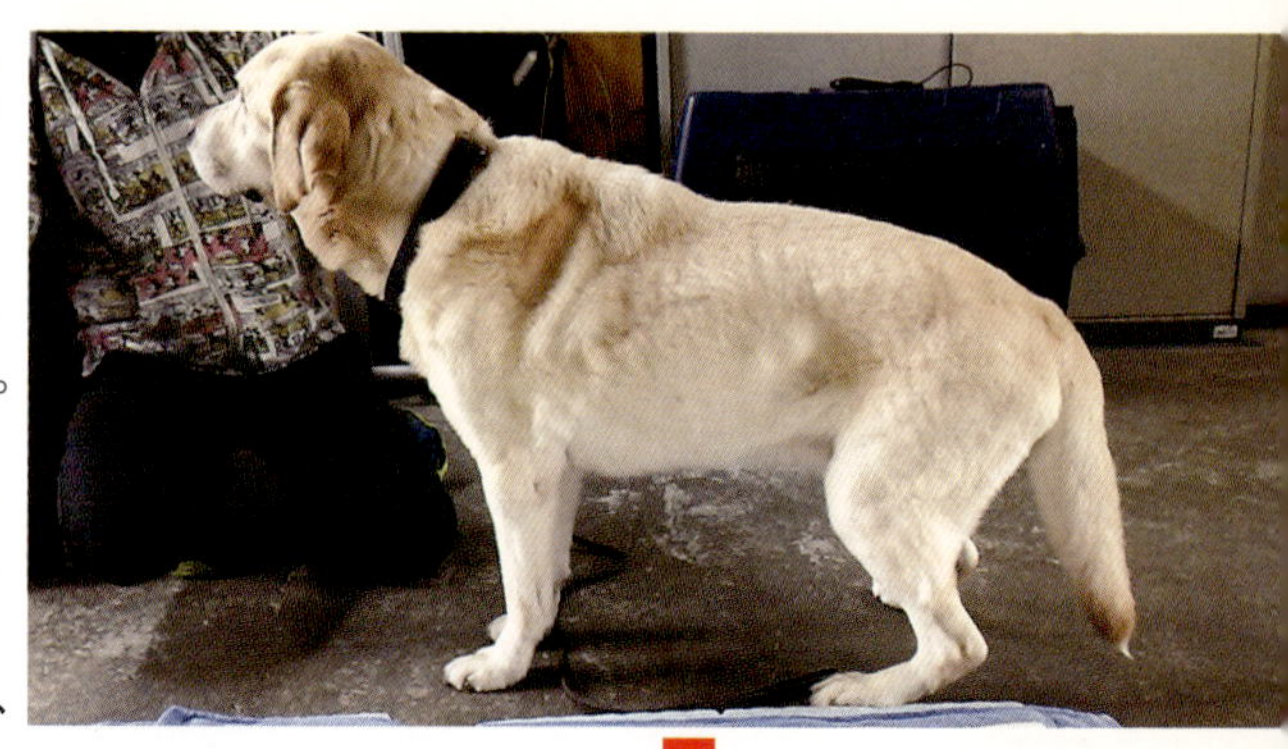

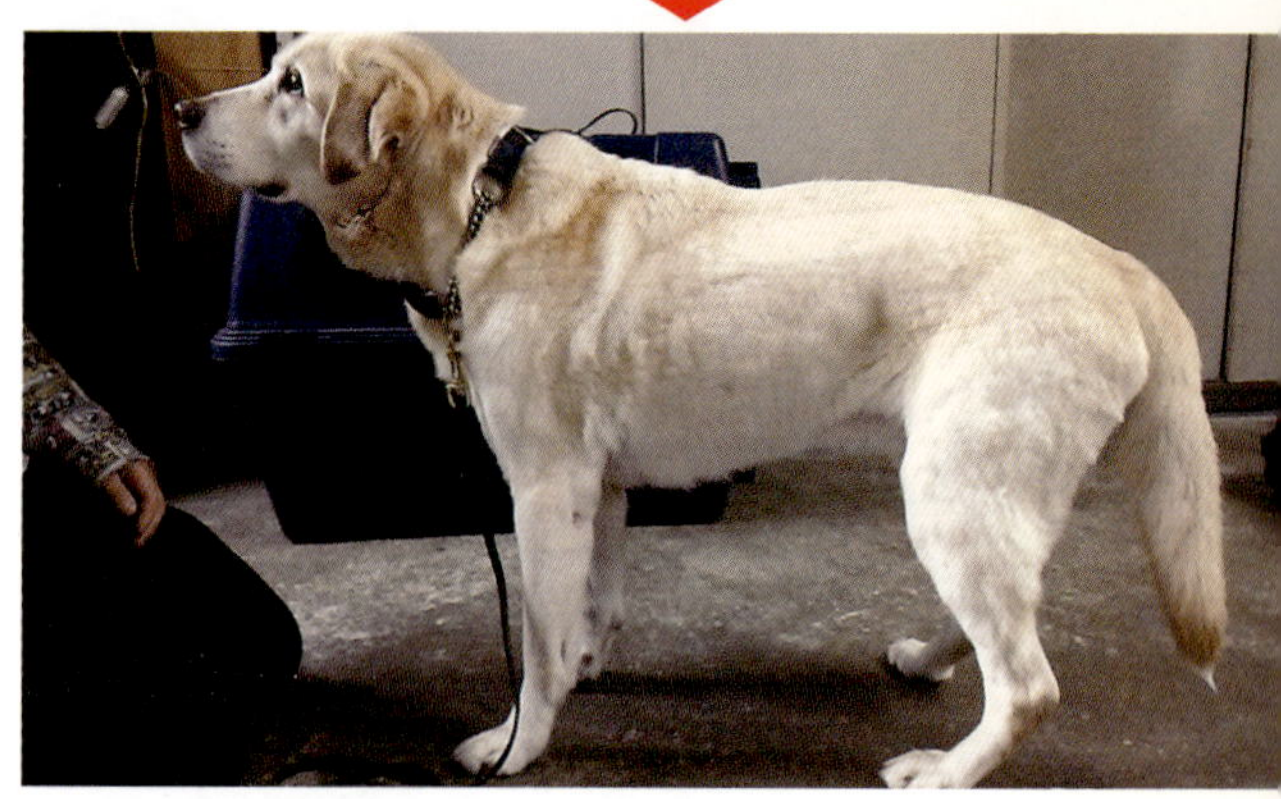

椎間板ヘルニアになり、体力・気力が弱ってしまったダックスフンドのマインちゃん（当時15歳）。タンパク質をしっかりとり、お灸と鍼の治療で元気を取り戻し、白髪も少なく17歳の今も軽快に走れます（本文26ページ）。

目次◆愛犬と20年いっしょに暮らせる本

第1章 愛犬はもっと長生きできる

第2章 愛犬が喜ぶおうちケアは3本立て

第3章　マッサージとお灸で愛犬いきいき——おうちケア1

第4章 愛犬にやさしい季節の過ごし方——おうちケア2

第5章 愛犬の健康長寿を食べ物でつくる――おうちケア3

第6章 高齢になっても幸せに暮らせる

愛犬と20年いっしょに暮らせる本

——いまから間に合うおうちケア

第1章

愛犬はもっと長生きできる

平均寿命は14歳

愛犬に長生きしてほしい――。

これはすべての飼い主さんに共通する願いでしょう。

実際、ワンちゃんの寿命は長くなっています。いくつかの調査を見ても、**平均寿命(じゅみょう)はいずれも14歳を超えています。**

正式な調査ではありませんが、25～30年くらい前、ワンちゃんの平均寿命は9歳くらいといわれていました。それを思うと、驚異的な伸びです。

その理由としては、医療の進歩やフードの質の向上などもありますが、なによりも飼い主さんの意識の変化が大きいと思います。

ワンちゃんをペットとしてではなく、家族として大切にする飼い主さんがほんとうに増えました。私も獣医師として日々飼い主さんと接していて、その愛情の深さに胸を打たれることがよくあります。

そこで、大切なワンちゃんにもっともっと長生きしてほしいと願う飼い主さんに、「愛犬と20年いっしょに暮らす」ための東洋医学の秘訣（ひけつ）をお伝えしましょう。

高齢期はいつはじまる？

ワンちゃんの年齢のお話をするにあたって、ここで、現代のワンちゃんはどのようなペースで一生を送るのかをまとめておきましょう。

なお、犬種や大きさ、個々のワンちゃんによって差は大きいので、あくまでも目安として考えてください。

18ページの表にあるとおり、**小型犬は**1歳が人間の16歳、その後は**人間の1年が4年にほぼ相当**します。**大型犬は**1歳が人間の15歳、その後は**人間の1年が5年にほぼ相当**します。

成犬になるのは早いですね。ワンちゃんを子犬のころから飼っていたなら、覚えている方も多いでしょう。

成犬になってからしばらくは安定した成年期がつづきます。

【老化にともなう変化】

▶小型犬8歳ごろ～
- 目が白くなりはじめる（白内障がはじまる）
- 毛が白くなりはじめる
- 太る／やせる

▶小型犬10歳ごろ～
- 皮がたるむ、あまる
- 毛にツヤがなくなる（毛割れ、毛玉、ブラッシングを嫌がる）
- 歯周病（口臭がきつくなる、歯石、口の中のネバネバ、膿が出る）
- **心臓、腎臓、気管支や肺などの病気や腫瘍が増えてくる**

▶小型犬12歳ごろ～
- 後ろ足や腰が弱ってくる（腰が下がる、すわりこむ、しりもちをつく）

▶小型犬13歳ごろ～
- 聞こえが悪くなる（呼んでも気がつかない）
- 痴呆（ぼんやり、徘徊、迷子、認知障害）
- 全体的に元気がない

犬の一生

成長期
成年期
プレ高齢期
激動高齢期
安定高齢期

小型犬（1歳＝人間の16歳、その後は人間の1年＝4年に相当）
1 2 3 4 5 6 7 8 9 **10** 11 12 13 14 15 16 17 18 19 20 21 22

大型犬（1歳＝人間の15歳、その後は人間の1年＝5年に相当）
1 2 3 4 5 6 7 8 9 10 11 12 13 14 15 16 17 18

0 10 20 30 40 50 60 70 80 90 100
（歳）

フード切り替え（10歳ごろ）

ここでのケア（養生）が健康長生きのポイント！

そして**高齢期**がやってきます。いつからはじまるかというと、犬種による差や個体差があるので一概にはいえませんが、おおよそのところでは、**小型犬で10歳くらいが目安**になるのではないかと思います。

人間でいえば、50代に入ったあたり。老眼、五十肩、腰痛などが出てくる年代です。ワンちゃんに同じことが起こっても不思議ではありません。

ワンちゃんによっては、それより早く老化のきざしが見えてくることもあります。８歳くらいからでしょうか。**８～10歳くらいまでは「プレ高齢期」**といってもいいかもしれません（一般に、大型犬は小型犬より老化が早いといえます。以下、小型犬の年齢を基準に述べていきます）。

「13歳の壁」で早死にさせない

つづく10～13歳くらいまでに、老化にともなうさまざまな変化や体調不良が出てきます。

こういった変化に出くわして、とまどうワンちゃんや飼い主さんも少なくありません。

これもあれもと、不調がいくつも重なることがあります。そうなると、体力・気力とともに免疫力も低下して、病気にかかりやすくなったり、病気を悪化させやすくなったりします。

いってみれば、**10〜13歳くらいまでは「激動高齢期」**です。

私の診療経験では、**「13歳」が長生きできるかどうかの、ひとつのポイント**です。

「13歳の壁」を乗り越えると、その後はさらに老化は進むにしても、比較的おだやかに過ごすことができます。

14歳くらいからは「安定高齢期」という感じになります。

ですから、13歳の壁を越えて長生きするためには、10〜13歳の「激動高齢期」(あるいは8歳からの「プレ高齢期」も合わせて)で、さまざまな変化や体調不良を上手にケアして、根本から健康な体をつくることがポイントになってきます。

犬の老化はどんなふうに進む?

では、「プレ高齢期」と「激動高齢期」において、ワンちゃんの体にどのような変化が出てくるのかをあらためて挙げておきましょう。

８歳以上のワンちゃんを飼っている方は、現在の状態と比べてみてください。これから先、ワンちゃんにどんな体調不良が生じてくるか、という心づもりにもなります。

小型犬８歳ごろから見られる変化

・目が白くなりはじめる（白内障（はくないしょう）がはじまる）
・毛が白くなりはじめる（色が薄くなったように見える。いわゆる白髪）
・太りはじめる、あるいは、やせはじめる

小型犬10歳ごろから見られる変化

・皮がたるむ、あまる
・毛にツヤがなくなる（毛割れ、毛玉、ブラッシングを嫌がる）
・歯周病（口臭（こうしゅう）がきつくなる、歯石（しせき）、口の中のネバネバ、膿（うみ）が出る）

小型犬12歳ごろから見られる変化

・後ろ足や腰が弱ってくる（腰が下がる、すわりこむ、しりもちをつく）

小型犬13歳ごろから見られる変化

・聞こえが悪くなる（呼んでも気がつかない）
・痴呆（ぼんやり、徘徊、迷子、認知障害）
・全体的に元気がない

また、**10歳ごろから、心臓、腎臓、気管支や肺などの病気や腫瘍が増えてきます。**人間でいえば、生活習慣病が増えてくるのに似ています。

「トシだから仕方ない」のか？

このような老化による変化に、どう対応すればいいのでしょうか。

実際、「なんとなく元気がない」「歩きたがらなくなった」といった体調不良が気になって、動物病院に相談にいった方もいると思います。

多くの動物病院では、「では、血液検査をしてみましょう」となるでしょう。深刻な病気が隠れていないかどうかを調べるためです。

でも、どこにも異常がなければ、たいていの獣医師はこう言います。

「仕方ないですね。もう○○ちゃんもトシですから」

そこで治療は終わりです。老化は病気ではありません。病気になっていなければ、治療はできないのです。

残念ながら、ここが西洋の医学の限界です。

体を根本から元気にする東洋医学

この本では、そういうワンちゃんや飼い主さんに、そこであきらめないでいいことをお伝えしたいと思っています。

あきらめないでいいどころか、失われつつある力をふたたび蘇（よみがえ）らせることも可能です。

考え方の基本になっているのは、中国で２０００年以上の歴史をもつ伝統医学です。西洋医学に対して、この本では「東洋医学」と呼ぶことにします。

では、なぜ、**東洋医学は老化による変化や体調不良にも対応できる**のでしょうか。

それは、実際に悪くなっている状態だけを見るのではなく、**体の中の根本的な原因にアプローチするものだから**です。

たとえば「歩きたがらない」というワンちゃん。

体をさわればわかりますが、多くの場合は「年をとってきて、体が痛い」のがその理由です。

そこまでなら西洋医学的なアプローチでも、痛み止めの薬や注射という対症療法的な手はあるかもしれません。

でも、それでは一時的に痛みはとれても、またすぐに出てきてしまうでしょう。

東洋医学はさらに先の原因を探ります。

痛みを引き起こすのは、血液の流れが滞っているからです。

東洋医学では、その血液の流れをよくして、根本から体を元気にします。

　血液の流れをよくするには、冷えている体をあたためたり、ツボを刺激したり、その効果が高いものを食べさせたりします。どれも体に負担を与えない、やさしい治療法です。

血液の流れがよくなり、痛みがとれて、歩くことができるようになると、おなかがすきます。のども渇きます。食べたり飲んだりすると、内臓の働きが活発になります。排便や排尿の調子もよくなって、代謝がよくなります。

だんだんプラスの効果が連鎖的に広がっていくと、体全体の調子がよくなり、同時に気力も出てきます。こうして、体と心の両方が健康になります。

東洋医学では「血液の流れをよくして、気力も上げること」が健康のカギを握ります。

血液の流れをよくすると、ほかにもいいことがあります。それは、将来的な病気の予防ができることです。その代表的なものががんです。

「未病を治す」という言葉を聞いたことがある方も多いのではないでしょうか。それはまさにこのことです。**「病気になる前に、病気にならないようにしましょう」**ということです。

いまからでも、いつからでも間に合う

10~13歳の「激動高齢期」のケアが大事と書きましたが、それより早くはじめてもまったく問題はありません。とてもいいことです。

西洋医学では、病気になっていないのに薬を飲んでもいいことはありませんが、東洋医

学は根本から健康的な体をつくるので、老化にともなう不調についても先回りをして防いだり、出てくるのを遅くしたり、出てきたとしてもおだやかにしたりすることができます。

13歳を超えたからといって、遅すぎることはありません。

いつはじめてもいい、どんなに早くても早すぎない、遅くても遅すぎない——これは東洋医学の特長のひとつです。

東洋医学で元気になったマインちゃん（17歳）

では、東洋医学の治療というのはどういうことをするのか、それでどのような効果があるのかを、私が治療にあたっているワンちゃんの例で具体的にお話ししましょう。

15歳という、かなりの高齢になってから治療を開始したワンちゃんなので、「いまからでは遅いのでは」と思っている高齢のワンちゃんの飼い主さんにとっても、大いに参考になると思います。

現在17歳のダックスフンドのマインちゃんです。

15歳6ヵ月のとき、飼い主さんが私のクリニックのホームページを見て、連絡をくださいました。飼い主さんのお話によると、マインちゃんは15歳2ヵ月のときに椎間板（ついかんばん）ヘルニアになりました。病気自体はそれほど重度ではなく、注射と薬で治ったはずなのに、以来、大好きだった散歩を嫌がるとのこと。

また、それだけでなく全体的に元気がない、ごはんも喜んで食べている様子ではないとも話されていました。

そうして初めて会ったマインちゃんは、たしかに元気がありませんでした。

東洋医学の診察方法である脈（みゃく）を診（み）てみると、細くて勢いがなく、血液の流れが悪くなっているのは明らかでした。体も冷えて、こわばっていました。体の調子がすぐれないことから、気力もあまりありませんでした。

そこで鍼灸（しんきゅう）治療をおこない、血液の流れをよくすることからはじめました。おうちでできるお灸も提案しました。

飼い主さんはごはんを手づくりしていたので、豚肉などのタンパク質をしっかり食べさせることをお願いして、ほかに血液の流れをよくする食材や気力を上げる食材、老化を防ぐ食材などをお伝えしました。

そうして2週間ごとに鍼灸治療をおこない、マインちゃんの調子は少しずつ上向きになっていきました。

その間、飼い主さんもお灸と手づくりごはんにとても熱心にとり組んでくださいました。

3ヵ月がたったころには、マインちゃんはすっかり元気をとり戻し、ふたたび走れるほどになりました。体が動くのがうれしくてたまらない様子です。**しぼみそうになっていたエネルギーがふたたびわき上がってきた**のがわかります。

おいしく食べ、たくさん動く。これはワンちゃんにとっては最高に幸せなことです。

マインちゃんはその後も鍼灸治療をつづけています。お灸などのおうちケアはすっかり習慣になったようです。

17歳になったいまも、マインちゃんは走ることができます（タイトルページ裏のカラー写真参照）。ごはんもおいしく食べています。

また、**鍼灸治療をはじめてから、体の調子が全体によくなり、それまでかかりつけだった病院にはほとんど行かずにすむようになった**そうです。以前はときどきおなかをこわして、動物病院に駆け込んでいましたが、それもなくなったとのこと。

鍼灸治療をはじめる直前の血液検査では、腎臓や膵臓（すいぞう）の機能を示す値（あたい）に少し心配なところもありましたが、いつの間にかそれらもよくなり、17歳になってから受けた検査の結果はすべて正常範囲内でした。

マインちゃんの飼い主さんにお伝えしたおうちケアについては、この本のなかでくわしく説明します。東洋医学は、おうちでできる安全なケアがいろいろあることも魅力のひとつだと思います。

「気血のめぐり」が健康長寿のカギ

東洋医学のもとになっている中国の古典に『黄帝内経（こうていだいけい）』というものがあります。先にもふれましたが２０００年以上前に書かれたものなのに、いまでもその内容は古くなっていないどころか、現代の最新の医学知識に通じるところがある医学書として、東洋医学にかかわる人にとっては必読の書です。

『黄帝内経』は人間について書かれたものですが、ワンちゃんについても同じことがいえます。

この本によると、**健康長寿の秘訣のひとつに「気血が調和して、正しくめぐっていること」が挙げられています。**

「気」とは「気力」のこと、「血」とは「血液」のことです。東洋医学では、このふたつをまとめて「気血」と呼び、体の基本としています。

すでにお話しした「血液の流れをよくして、それとともに気力を上げることが大切」というのは、２０００年以上前からいわれていたことなのですね。

西洋医学では、老化は「体の細胞がおとろえること」と考えられていますが、東洋医学では、さらにその根本的な原因から老化を定義しています。

東洋医学では、老化は「気血が体の細胞にめぐらなかったために、体の細胞がおとろえること」です。

愛犬と20年いっしょに暮らすために

「そうはいっても、長生きできるかどうかは、生まれつき体が丈夫かどうかによるのでは？」と思う方もいるかもしれません。

たしかにそれはとても大切な要素です。

これも『黄帝内経』に書かれていることですが、**人がもともと持っているエネルギー（生命力）は決まっています。**

でも、**それを落とさない、補う、さらには上げることができるかどうかは、日ごろのケア（養生）**次第とされています。

体が丈夫な人でも不摂生がつづけば病気になってしまいますし、もともとは体が弱い人でも、日ごろから無理をしないように気をつけていれば、健康的な一生を送ることができます。

それはワンちゃんも同じです。

とりわけ、**10歳（早いワンちゃんであれば8歳）からの「激動高齢期」には、そのエネルギーが急激に落ちてくるので、気をつけてあげましょう。**

エネルギーが落ちないようにケアしてあげれば、子犬のころから体が弱くて、病院通いが多かったワンちゃんでも、のんびり幸せに長い高齢期を過ごすことができます。

もともと元気だったワンちゃんなら、いつまでも「えっ、もう○○歳なの？　全然そんなふうに見えない」といわれるような若さが保てます。

この本では、日々の生活にとり入れられて効果的なケア「養生」の方法をお話ししていきます。

第2章

愛犬が喜ぶ おうちケアは 3本立て

ワンちゃんに鍼灸をする獣医中医師とは？

この本で紹介するワンちゃんのケア「養生（ようじょう）」の方法は、東洋医学をもとにしています。

私のように、動物の治療に東洋医学をとり入れている獣医師を「獣医中医師（じゅういちゅういし）」と呼びます。

まだなじみのない言葉だと思うので、少し説明させてください。

『「獣医師」とは別にそういう資格があるの？』と聞かれることも多いのですが、**獣医中医師は全員、すでに獣医師の資格を取得しています。**

たいていの人は、獣医師として仕事をはじめてから、治療の幅を広げるために、東洋医学の治療法を学んでいます。

獣医中医師がおこなう**治療の代表的なものは鍼灸（しんきゅう）**です。日本では、動物に鍼灸治療をおこなうことができるのは（厳密にいえば、鍼（はり）を刺すことまでできるのは）獣医師に限られています。

人間の場合は、鍼灸治療を専門におこなう鍼灸師がいますが、動物の場合、動物専門の鍼灸師はいません。また、人間の鍼灸師が動物に鍼灸治療をおこなうことはできません。獣医中医師はまだ少ないので、「ワンちゃんに鍼灸をしています」と言うと、驚かれることのほうが多いですね。

鍼灸をはじめとする東洋医学の治療法が、日本でいわゆるペットに使われるようになったのは、１９８０年代のことです。

私が日ごろから接している飼い主さんも「鍼灸をしてもらっているとお友達に話すと、信じられないってびっくりされるんですよ」と笑っています。

中国では昔から人間以外の動物にも同じように鍼をしたり、お灸をしたりしていました。馬を中心に、動物に対する中医学も発展したのです。

ですから、鍼灸治療が有効なのはワンちゃん、ネコちゃんだけではありません。ウサギにもできます。私は自宅で飼っているカメにもお灸をしています。

鍼灸は、ツボを鍼や熱で刺激することによって気（き）の流れをよくし、それとともに血（けつ）の流れもよくすることを目的としています。

前章でもふれましたが、東洋医学ではこれらの「気血」を体の基本として考えています。「気血が体の中をくまなくめぐっている」のが健康な状態です。

獣医中医師は鍼灸のほか、推拿（すいな）という手技（しゅぎ）（マッサージや按摩（あんま）のようなもの）をおこなったり、漢方薬を処方したり、食べ物についての指導をしたりします。

愛犬を長生きさせるおうちケア

前章で紹介したダックスフンドのマインちゃんの例でもそうでしたが、獣医中医師は診療の一環として、おうちでできるケアのアドバイスもします。

じつは、すでにふれた中国医学書の古典『黄帝内経（こうていだいけい）』は、健康でいるための日々の暮らし方を説（と）いた本でもあるのです。

そういう意味では、**東洋医学は生活の医学**ということができます。

東洋医学にもとづくケアと聞くと、とっつきにくい印象をもつ方も多いかもしれませんが、その多くは、日々の生活に気軽に、しかも安全に、とり入れられるものです。

ワンちゃんが年をとってきていろいろと具合の悪いところが出てきた。「なんとかしてあげたい」と思っても、何をしてあげたらいいのかわからない。動物病院では「トシだから仕方ない」と言われてしまう——。

そういう悩みをお持ちの飼い主さんに、東洋医学にもとづく、体にやさしいケアはぴったりだと思います。

毎日の生活のなかでできることで、ワンちゃんを元気にしてあげられるのはうれしいですね。

この本では、おうちでできるケアを大きく3つに分け、３本立てでお話しします。

愛犬を長生きさせるおうちケア

①マッサージとお灸
②季節の養生法
③食養生

1つめは、マッサージとお灸です。「お灸なんて自分でできるの？　危なくないの？」と思う方がいるかもしれませんが、お灸にもいろいろ種類があって、手軽にできるものもあるのです。第3章で紹介します。

2つめは、季節の影響を受けないようにすることです。たとえば、夏は暑さに、冬は寒さに負けないようにする必要があります。そのためには日ごろの生活で気をつけるべきポイントがあります。

人間に共通する点もたくさんありますが、ワンちゃんの身になってあげなければならない点もあります。くわしいことは第4章でお話しします。

そして、3つめは、食べ物に気をつけることです。最近はドッグフードもいいものがたくさん出ていますから、ドッグフードだけでも健康な体はつくれます。

その一方で、飼い主さんからの「種類が多すぎて何がいいのかわからない」という声もよく耳にするので、フード選びのポイントを第5章で説明します。手づくりごはん派の方のためには、薬膳（やくぜん）の考え方をとり入れたごはんを紹介します。

エネルギーを「上げる・維持する・補う」の3本立て

マッサージとお灸、季節対策、食べ物をおうちケアの3本立てにするのは、東洋医学の考え方に照らし合わせれば、じつは非常に理にかなっています。

というのは、これまでお話ししたとおり、人間にしても、ワンちゃんにしても、すべての生きものはエネルギーを持って生まれてきます。

ところが、何もしなくてもそのエネルギーが持続するのは、人間であれば20歳くらい、ワンちゃんであれば7〜8歳くらいまでで、あとは下がっていってしまうのです。

でも、**マッサージやお灸をすれば、そのエネルギーを上げることができます。季節の影響を受けないようにすれば、そのエネルギーが下がるのを食い止めることができます。**

食べ物に気をつければ、下がっていくエネルギーを補うことができます。

おうちケアが３本立てというのは、こういう理由からです。

全部そろわなければいけないというのではなく、どれをやっても意味があります。

一度にたくさんやろうとすると大変ですから、できることからはじめましょう。何からはじめなければいけないというルールもありませんから、気軽にやってみてください。

シニア犬の「冷え」に要注意

おうちケアをするにあたって、ぜひ覚えておいていただきたいのは、「冷え」をとることです。

すでにお話ししたように、高齢になってくると、エネルギーが下がってきます。エネルギーが下がると、体も内臓も動きにくくなります。そうなると、血のめぐりも悪くなります。それが冷えの原因です。

「冷え」は高齢のワンちゃんに共通する症状です。暑がりのワンちゃんでも、多くの場合、体の中は冷えています。

女性の飼い主さんのなかには、同じような「冷え」の悩みをお持ちの方がいるのではないでしょうか。

「冷えは万病のもと」というとおり、血のめぐりが悪くなったことによる「冷え」は、さらにさまざまな体調不良を引き起こします。

足や手の先が冷えるという症状は、ワンちゃんにも起こります。

ワンちゃんの足を触ってみてください。体はそれほどでなくても、足の先がひんやりしているかもしれません。それは足の先まで血がめぐっていないのです。

いわゆる**「冷えのぼせ」もあります。**人間の「冷えのぼせ」とは、下半身が冷えていても、顔はほてって汗が出るほどの状態を指しますね。

ワンちゃんでも、足が冷えていても、頭は熱くなっていることがあります。それは気血が全身をバランスよくめぐらず、頭にのぼっているからです。

「血のめぐりが悪くなる→冷える→さらに血のめぐりが悪くなる→さまざまな不調を引き起こす」

という悪循環におちいるのを防ぐためにも、おうちケアは大きな効果があります。

冷えに弱い高齢のワンちゃんは、とにかくあたためてあげましょう。

足先の冷えは手のひらで包むようにしてあげます。

全身の冷えを改善するには、第３章でマッサージやお灸のやり方を説明します。

ポイントは腰をあたためることです。上から見てウエストのくびれから下あたりです。

腹巻きも効果的です。冬はもちろん、夏もエアコンによる冷えから体を守るために、薄手の腹巻きをするのはとてもいいことです。こういった季節対策は第４章でお話しします。

口当たりがよくて喜ぶようでも、冷たいものの食べさせすぎないことにも注意しましょう。食べ物については第5章でお話しします。

東洋医学によるワンちゃんのケア「新」常識

私はおもに東洋医学を治療にとり入れていますが、西洋医学には西洋医学のいいところがあります。

たとえば、緊急の外科的手術などは西洋医学のほうが向いています。ですから、飼い主のみなさんは「いいとこ取り」でいいのではないかと思います。

しかし、東洋医学をとり入れた治療でさまざまな成果が上がるのを経験してからは、**西洋医学の常識のなかに、「それはほんとうにワンちゃんのためになっているだろうか」と疑問を感じるものも**あります。

よかれと思ってやっていたことが、じつはそうではないかもしれません。

東洋医学の考え方にふれると、「これまで聞いていたことと違うな」と感じる方もいるはずなので、ここでいくつか例を挙げておきましょう。東洋医学がなぜワンちゃんの健康長生きにいいかも、合わせてお伝えできればと思います。

心臓や腎臓の病気も血のめぐりが大切

年をとってきて心臓や腎臓（じんぞう）が悪くなってくると、多くの場合、降圧剤（血圧を下げる薬）が処方されます。目的は「血圧を下げて、心臓や腎臓の負担を減らすこと」です。それが西洋医学の考え方です。

一方、東洋医学では、お灸や鍼によって「全身の血のめぐりをよくすること」をまず考えます。**血のめぐりがよくなると、心臓や腎臓にかかっている負担を自然に減らすことができます。**

また、血が順調に栄養を運ぶので、それらの**臓器自体も元気になってきます。**

長くなっている高齢期を元気に過ごすには、血のめぐりをよくすることがもっとも近道で、同時にもっとも効果的です。

鍼灸で気血がめぐると食欲も戻る

腎臓の病気は高齢のワンちゃんに非常に多い病気です。

腎臓が悪くなると、ワンちゃんはとてもつらいので、なかなかごはんを食べません。食べないと体力がなくなるので、飼い主さんはなんとか食べてほしいと、あれこれ工夫して一生懸命(けんめい)になって食べさせようとします。それでも食べなければ、点滴で栄養や水分を入れることになります。

こういった腎臓病との闘いは、ワンちゃんにとっても、飼い主さんにとっても、ほんとうに大変です。

でも、そうしたワンちゃんでも**鍼灸をすると、気血がめぐりはじめて、食欲が戻る**ことがよくあります。

飼い主さんにとって、ワンちゃんが病気になったとき、ごはんが食べられるようになるのは希望そのものです。

ごはんが食べられれば、内臓が動きはじめます。栄養が体内に行きわたって、起き上がる力も出てきます。起き上がって動ければ、ぼんやりしていた頭も働きはじめます。排泄(はいせつ)ができれば、体内の余分な水分や悪いものは外に出ていきます。

こうして、**食欲が戻ったことをきっかけに、体全体が元気になるワンちゃんを私はたくさん診てきました。**

どこかがよくなれば、連鎖的に全体がよくなるのが東洋医学です。

高齢になってもタンパク質はしっかりとる

ワンちゃんが高齢になってくると、「できるだけ低タンパクのフードを選ぶように」「手づくりごはんの肉や魚などのタンパク質を減らすように」といわれています。

年齢とともにしだいに機能がおとろえる「腎臓に負担をかけないため」です。

西洋医学では、まだ機能している部分にできるだけ負担をかけないようにするために、タンパク質を減らすことがよいとされるのです。

でも、タンパク質は筋肉、骨、血液をつくるうえで欠かせない栄養素です。**タンパク質が不足すると、筋肉が落ちて、体力も落ちてきてしまいます。**

東洋医学では、残っている部分にむしろ栄養を与えて元気にして、しっかりした体をつくり、体力を維持しようとします。

最近は、人間も「高齢者はもっとタンパク質をとりましょう。そうでないと、筋肉量が減って、体力や抵抗力が落ちてしまいますよ」といわれていますね。

高齢のワンちゃんについても、それと同じことがいえます。

ですから、私はそれぞれのワンちゃんに合わせて、**必要量のタンパク質をしっかりとる**ようにアドバイスをしています。そのほうが長い高齢期をずっと健康的に過ごすことができます。

タンパク質源としてとくにおすすめしているのは豚肉です。

「ワンちゃんにお肉をあげるならささみ」という考え方がなんとなく定着している感があるので、意外に思われるかもしれません。でも、豚肉はエネルギーを上げて、若々しさを保つのにとてもよい食材です。

7歳でフードを切り替えるのは早すぎる

高齢になったらタンパク質を減らすという考え方は、フードの年齢分けにも反映されています。

「ドッグフードは7歳になったら高齢犬用に切り替える」とよくいわれます。

動物病院で、そのようにすすめられた飼い主さんも多いのではないでしょうか。「7歳からの高齢犬用」と書いてある製品もたくさんあります。

でも、私の経験では、遺伝や体質、すでに病気を抱えているなど、特殊な理由がない限り、**フードは7歳ではまだ切り替えなくてもよい**のではないかと思います。

一般的に、７歳からの高齢犬用とされているドッグフードは、タンパク質の割合が低くなっています。

でも、**早くからタンパク質を減らすと、筋肉がおとろえ、脂肪ばかり増えて、太ってしまいます。**あるいは、どんどん痩せてしまうこともあります。そうなると、免疫力が大きく低下してしまう心配もあります。

海外では、子犬でもシニア犬でも同じフードで、食べる量を調整するだけの商品も多くあります。

現代はワンちゃんの寿命が延びていて、高齢期が長くなっています。その長い高齢期を健康的に過ごすためには、やはり必要量のタンパク質をきちんととって、病気にならないしっかりした体をつくっておくことが大切です。

フードの切り替えは、小型犬で10歳ごろから検討すればいいと思います。

健康を維持するために何をどれだけ食べさせるか（食養生）は、おうちケアでもとても大切な部分です。第5章でくわしく説明しましょう。

第3章

マッサージとお灸で
愛犬いきいき
おうちケア1

「ツボ」を刺激するとなぜいいか

3本立てのおうちケアの1つめは、基本となるマッサージとお灸(きゅう)です。どちらも**ツボを刺激して、気血(きけつ)のめぐりをよくするもの**です。

人間と同じく、犬や猫にもツボがあります。人間のツボと犬のツボの数、名前、効能はほぼ同じです。

ツボは、気の通り道にある重要なポイントです。道路のポイントとなる交差点で渋滞が起こりやすいように、ツボにあたる場所では気の流れが悪くなりがちです。

そこで、あたためて流れをよくするのがお灸です。気とともに血の流れもよくなります。よく流れるようになった気血は、それぞれの通り道の行き先にある内臓など、「効いてほしいところ」にスムーズにたどり着きます。

気の通り道は体じゅうをめぐっているので、滞(とどこお)りやすい場所(=ツボ)は目的地(=効いてほしいところ)から遠く離れていることもあります。

道路にたとえると、「A地点に行くために、はるか手前のB地点の渋滞を解消する」というイメージです。

あとで出てきますが、歯周病に効くツボが前足にある、というのはそのためです。

ツボと効く部分は、「ＡにはＢ、ＣにはＤ」と一対一の対応というわけではありません。気の通り道はたくさんあって、体の中でからみ合っているので、**１つのツボを刺激して、そこの気血の流れをよくすれば、ほかのところも流れがよくなって、全体的に調子がよくなっていきます。**

また、１つのツボを刺激して、ある臓器の働きがよくなれば、連動するほかの臓器も働きがよくなるので、**病気にならない、なっても負けない強い体がつくれます。**

なお、マッサージやお灸をするときは、ワンちゃんの様子を見ながらおこなってください。気持ちいいのがわかればすぐに慣れます。嫌がるような刺激は避けましょう。

マッサージ

背中マッサージで元気をアップ

まずは基本の背中マッサージを紹介します。飼い主さんの手を使っておこなうので道具もいらず、いつでもどこでもできます。とても簡単ですが、効果の高いマッサージです。

やり方は、**手で背中から尻尾にむけて、背骨の両側をスーッ、スーッとなでるだけ**です。大きなワンちゃんなら両手でやってもいいですし、小さいワンちゃんなら親指と人さし指、中指などで背骨をはさむようにしてやってもかまいません。

なぜ、そんな簡単なマッサージで効果があるのかというと、背骨の両側には、ほぼすべての内臓に対応するツボがたくさん並んでいるからです。

ですから、**背骨の両側をなで下ろすだけで、内臓の調子が全体的によくなり、元気になる**のです。

背中マッサージで内臓をととのえる

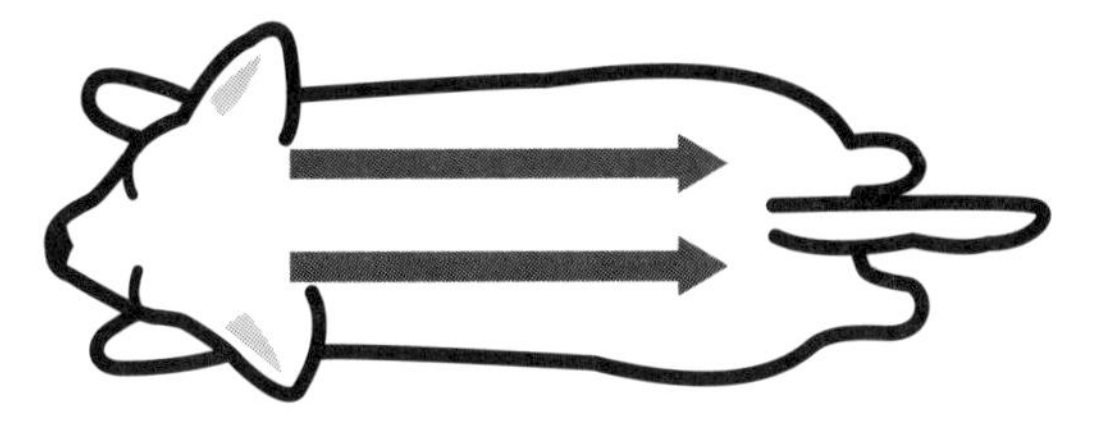

背骨の両側をスーッ、スーッとなでる

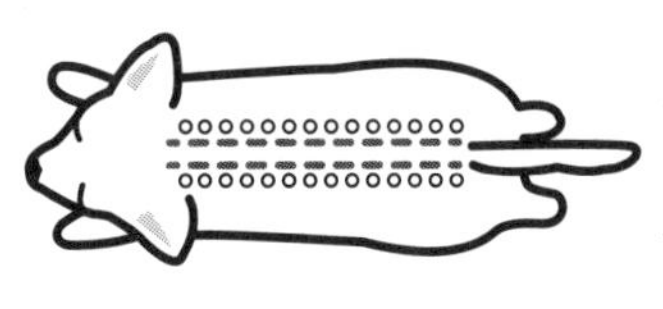

慣れてきたら、頭から首の後ろ、背中、腰まで、押しながらすべらせるようにすると、さらに効果がアップします。

手でなくて、ブラシを使ってもＯＫです。ブラッシングも兼ねて、ブラシの先端でツボに心地よい刺激を与えることができるのでおすすめです。

背中マッサージはすべてのワンちゃんによく効きます。なでているうちに、とても気持ちよさそうな顔をしてきます。簡単にできるので、１日に何度でも、どこでも、暇を見つけたらやってあげるといいでしょう。やりすぎということはありません。

おなかマッサージで消化器の働きをアップ

時計回りにくるくるとマッサージ

おなかマッサージで胃腸を強くする

病気になりやすかったり、疲れやすかったりするワンちゃんは、消化器系が弱いことが多いものです。高齢になると、その傾向はとくに強くなります。

便秘や下痢（げり）、おなかが冷えているなど、おなかが気になるときは、あおむけの状態で、時計回りに**くるくると円を描くようにして、おなかをマッサージしてあげましょう（おなかを出したがらないコは立ったままの状態で、おなかの下に手を差し入れてさすります）。**

おなかには、消化器系の働きをよくするツボがあります。

小型犬なら人さし指と中指と薬指の3本で、大型犬なら手のひら全体を使って、やさしく、ゆっくりマッサージします。1回1〜2分程度、おなかがあたたかく感じられるくらいが目安です。

マッサージをする前には、両手をこすり合わせるなどして、必ず手をあたためてからやってくださいね。

ワンちゃんが喜ぶところはいろいろある

マッサージで**いちばん大事なのは、ワンちゃんが気持ちよく感じること**です。様子を見ながら、ワンちゃんの喜ぶところや力の入れ方を見つけてあげましょう。

背中とおなかのほか、次のような部位のマッサージも、高齢のワンちゃんの体全体の調子をととのえるのに効果的です。やってみて、ワンちゃんが気持ちよさそうにするようなら、ぜひつづけてあげてください。

表面ではなく体の内側に効いていることを意識してみましょう。

・背中から胸のマッサージ

指や手のひらを使い、胴体の両脇を、肋骨（ろっこつ）にそって背中から胸へとさすり下ろします。

・肩、後ろ足のつけ根のマッサージ

肩、後ろ足のつけ根の周辺を、手のひらで円を描くように、ゆっくりマッサージします。力かげんはワンちゃんの様子を見て、気持ちよさそうな強さで。大型犬の後ろ足は、少し強めに押し当てて動かしてもＯＫです。

・背中引っ張りマッサージ

親指とその他の４本の指で、背中のやわらかい皮膚（ひふ）をつまんで、上に引っ張ります。背骨をはさむようにしてつまんだり、背骨の両側のゆるんだ皮膚をつまんだりしましょう。

お灸

ワンちゃんは意外にもお灸好き

お灸はあたためることでツボを刺激して、気血のめぐりをよくするものです。あたためると血行がよくなるのは、私たちもお風呂に入ったときなどに実感していますね。

お灸には**血行促進、体質改善、免疫力アップ、リラックス効果**など、たくさんの効果があります。**さまざまな病気にも、老化にともなう不調にも効きます。**

お灸の効果は人間もワンちゃんも変わりません。体をあたためるという簡単なケアですが、養生という点ではとても優れているので、ぜひ試していただきたい方法です。

お灸は、「知っているけど、やったことはない」という方が多いのではないかと思います。経験したことがない方がイメージするのは、「乾いた草みたいなものを丸めて、ツボの上に乗せて、火をつける」ではないでしょうか。

たしかに、そういう昔ながらのお灸もあり、私が治療に用いるのはおもにその方法です。「乾いた草みたいなもの」は「もぐさ」といいます。ヨモギの葉の裏にあるふわふわした白い毛を精製したものです。

また、「お灸をすえる」という言葉があるくらいなので「熱いのでは？」と思う方もいるかもしれませんが、それほど熱くはありません。

私の診療経験では、熱くて嫌がったり、吠えたりするワンちゃんはいません。気持ちよくてうっとりするワンちゃんのほうが多いくらいです。ウトウト寝てしまうワンちゃんもいます。

ただし、この方法では、症状に合わせて効くツボを見つけて、その上にピンポイントでお灸を置く必要があります。

ですから、おうちでできるお灸としては、手軽に使えて安全な「棒灸」をおすすめします。これも初めて聞くという方がほとんどだと思いますので、まずどういうものかを説明しましょう。

1日10分、手軽な棒灸ケア

棒灸とは、もぐさを固めて棒状にして、紙を巻いたものです。

先端に火をつけ、5センチくらい離して体に熱をあてます。大きいタバコをかざすよう

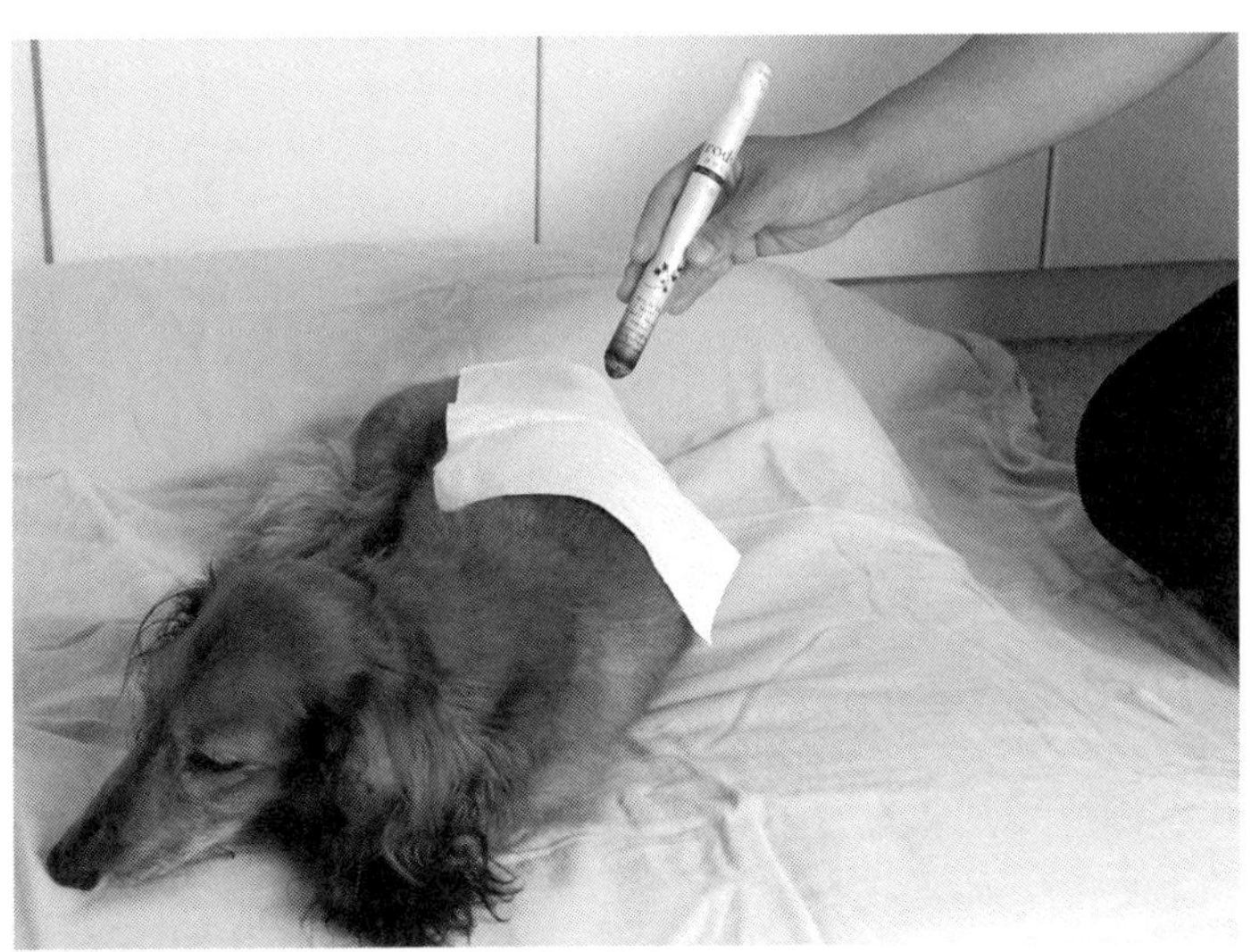
棒灸の心地よさにうっとりするワンちゃん

なイメージです。

紙が巻いてあるものは煙が出て、そのにおいもあります。それが気になる方は無煙タイプを使うといいでしょう。無煙タイプはもぐさを炭化させて固めたものです。

無煙タイプは火がつきにくいため、高温の炎を出すターボライターを使うと便利です。炭火と同じようなものなので、火力はむしろ紙巻きタイプより強いくらいです。

棒灸用のホルダーもありますが、必要というわけではありません。**直接かざして大丈夫**です。

毛足が長いワンちゃんにするときや

灰が落ちるのが心配なときは、綿100パーセントの布を体の上にかけてください。

ワンちゃんの**体の表面がほんのりあたたまるくらいで大丈夫**です。体内に温熱はしっかり広がっています。時間にすれば、**1日1回、10分間くらいでいい**でしょう。

棒灸は人も犬も共用で、ネットショップや一部薬局で購入できます。

もぐさの香りには、縮こまっていた血管を開いて、血の流れをよくする効果があるので、**できるだけ質のいいものを選びましょう。**

火を消すときは、紙巻きタイプのものであれば、燃えている部分をアルミホイルで包んで密閉します。無煙タイプの場合は「香炉灰」に先端を埋めるか、水につけます。

香炉灰は棒灸を売っているネットショップで扱っています。仏壇に火をつけたお線香を差す灰がありますが、あれと同じです。香炉灰をビンなどの容器に入れておけば、何度でも使えます。

怖がりのワンちゃんでもＯＫ

棒灸にはいろいろといい点があります。

まず、ツボをピンポイントで見極めるのがむずかしくても、**広い範囲をあたためられるので、大事なツボを外すことがありません。周囲のツボもいっしょにあたためられます。**

体に直接ふれないので、怖がりのワンちゃんでも、トロトロと眠そうにしているときなどからはじめれば、抵抗が少ないでしょう。

また、痛みがあるワンちゃんは触られるのを嫌がります。そういう場合も、**ふれずにあたためて、痛みをやわらげることができます。**

痛みがあるのは、血の流れが滞っているからです。あたためると血管が開いて滞りがとれるので、痛みもやわらぎ、楽になります。

3つのお灸ゾーンで元気な体づくり

棒灸であたためる部分を見ていきましょう。大きく分けて3つの「ゾーン」があります。**腰、背中、おなか**です。

高齢のワンちゃんにおすすめの万能&最強ゾーンは腰です。

あとは気になるところがあれば、状態に合わせてほかのゾーンをプラスしてあげてください。

腰ゾーン：生命エネルギーをアップする最重点

犬種に関係なく、すべてのワンちゃんは腰をあたためましょう。どこか1カ所だけというのであれば、このゾーンです。

東洋医学では、生きものは**腰のあたりに生命エネルギーが貯蔵されている**と考えるからです。あたためることで生命エネルギーをアップすることができます。

老化にともなうあらゆる変化に対応して、その進行を遅らせることができます。ほかの

棒灸①腰ゾーン　生命エネルギーをアップ

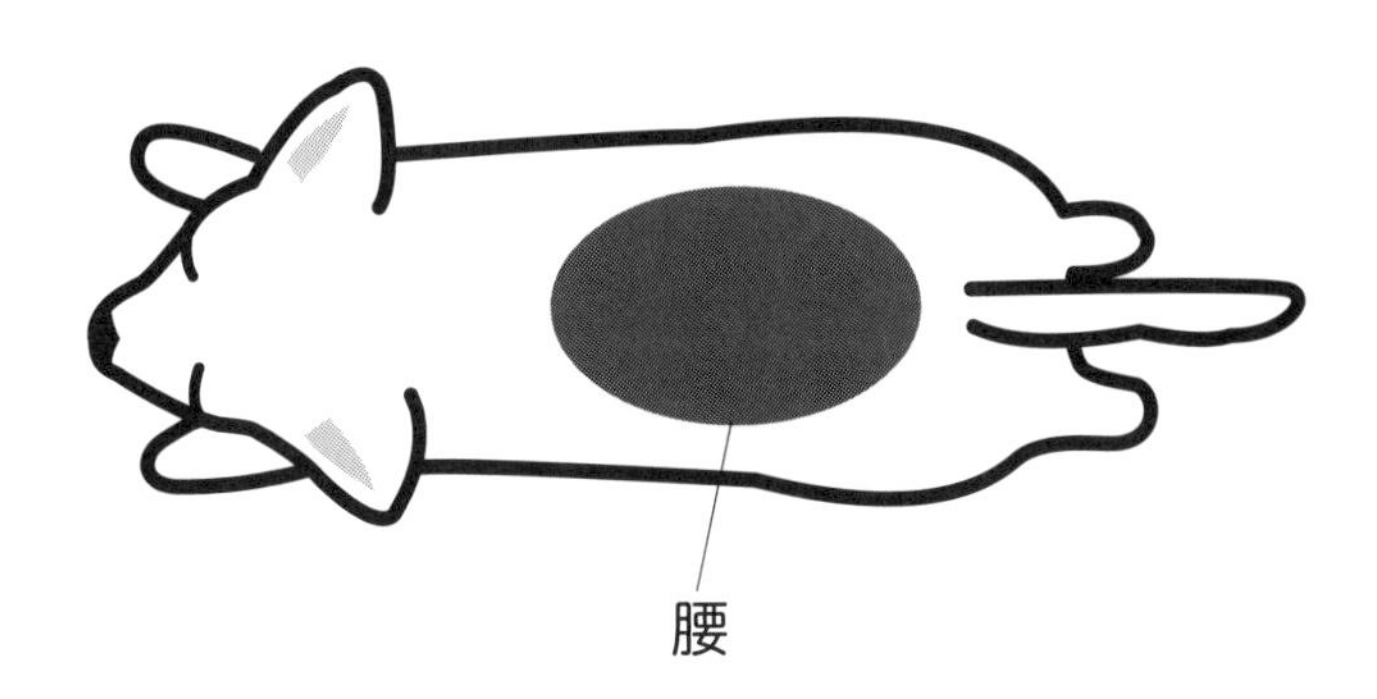

ゾーンにお灸をするときも、最初に腰を少しでもあたためてあげましょう。

腰には、腎臓（じんぞう）と腸（ちょう）と膀胱（ぼうこう）に効くツボがあります。高齢になると、多かれ少なかれトラブルが出てくる部分です。腰にお灸をすると、それらのツボもいっしょにあたためられます。

第2章でも述べたように、腰は「冷え」の改善にも効果的です。つまり、一石二鳥どころか、何鳥にもなる、頼もしいゾーンなのです。

こんな症状に効く

・老化にともなうさまざまな変化
・なんとなく元気がない
・疲れている、寝てばかりいる

・冷えている
・足腰が弱ってきた
・尿トラブル
・便秘
・下痢
・嘔吐

背中ゾーン：内臓をまとめて応援

マッサージのところでもお話ししましたが、**背中には、背骨に沿って、ほぼすべての内臓に対応する大事なツボがたくさんあります。**背中ゾーンをあたためると、それらのツボを一気に刺激でき、内臓を活性化できます。

肩のあいだには肺に効くツボと心臓に効くツボがあります。心臓に効くツボを刺激すると、精神の安定にもつながります。

肩の後ろから肋骨の終わりにかけては、肝臓と胃と脾臓に効くツボがあります。背中をあたためると、次のような症状にまとめて効きます。

棒灸②背中ゾーン　内臓をまとめて元気にする

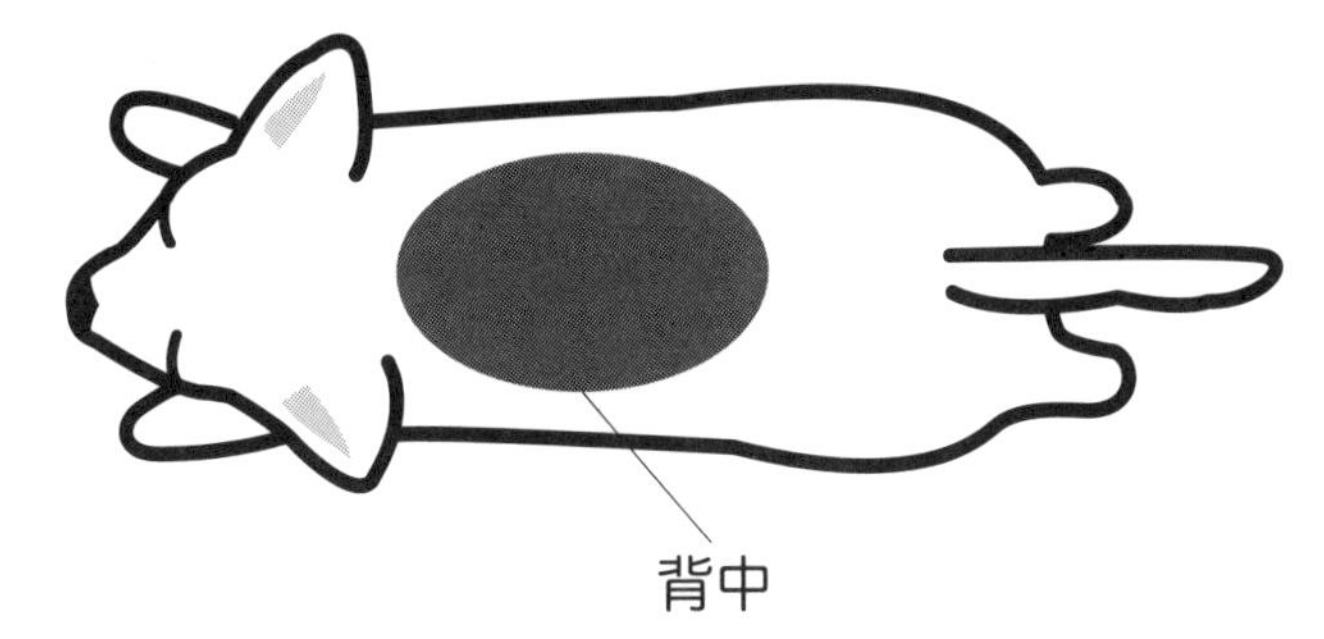

こんな症状に効く

・せきが出る
・喘息（ぜんそく）で呼吸が苦しそう
・ストレス
・怒りっぽくなった
・ソワソワしている
・落ち着きがない
・興奮して寝られない
・興奮して吠える
・食欲がない

棒灸③おなかゾーン　おなかの冷えを解消する

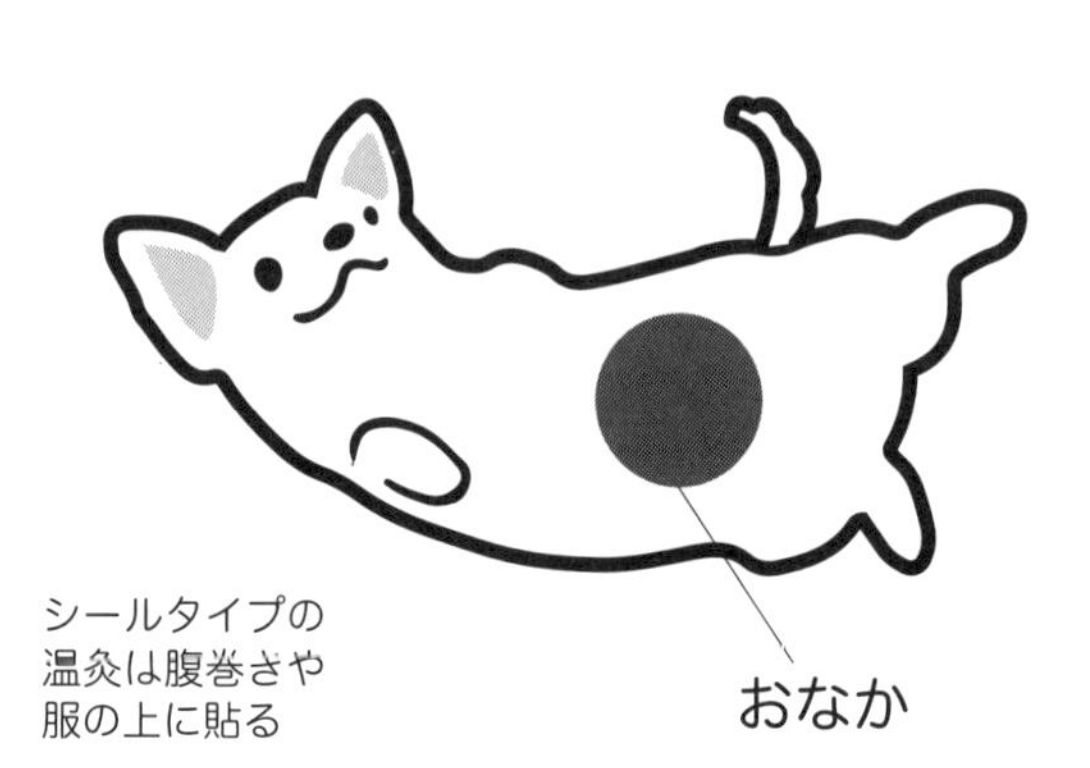

おなかゾーン：おなかの冷え取り

おなかが冷えているときやおなかの調子が悪いときは、人間でもおなかをあたためると楽になります。ワンちゃんも同じなので、そういうときはおなかを広くあたためてあげましょう。

おなかの冷えが取れて胃腸の調子がよくなると、食欲も出て、栄養の消化吸収もよくなります。人間でも、長生きの人は胃腸が丈夫でよく食べられる人ですね。

おなかを出すのを嫌がるなど、棒灸ではやりにくいワンちゃんの場合は、火を使わないシールタイプの温灸（「せんねん灸　太陽」など）も便利です。

直接ではなく、腹巻きや服の上に貼ります。

おなかの調子が悪いときに2～3個貼っておけば、それだけでおさまることもあります。位置はおへその下あたり（関元＝丹田）がおすすめです。

最重点の腰ゾーンにも合わせて貼ってあげると、さらに効果がアップします。

こんな症状に効く

・おなかが痛そう
・下痢
・便秘
・消化不良
・おなかが鳴っている
・食欲がない

ツボ押し

シニア犬向け、快適健康ツボ6つ

マッサージやお灸に合わせてツボ押しをすると、体の調子をよくして元気をアップさせる効果がさらに上がります。いろいろやってあげたい方はツボ押しも試してみてください。

ツボはたくさんありますが、ここでは、**高齢のワンちゃんによくある症状や不調に効く代表的なツボを6つ**紹介します。

飼い主さんからは、「ツボ押しをしてあげたいけど、場所がよくわからない」という声をよく聞きます。

この6つのツボは場所もわかりやすいので、気軽にチャレンジしてみましょう。

①腎兪(じんゆ)＝老化防止の万能ツボ

②百会(ひゃくえ)＝頭スッキリのツボ
③大椎(だいつい)＝冷え改善のツボ
④命門(めいもん)＝抵抗力アップのツボ
⑤陽陵泉(ようりょうせん)＝弱った後ろ足をサポートするツボ
⑥合谷(ごうこく)＝歯周病に効くツボ

高齢のワンちゃんにはどれもすごくいいツボです。全部のツボを一通り押せば、ワンちゃんの体調アップにはとても効きますが、まずはやりやすいところからはじめてください。

どれか1つというのであれば、腰にある「腎兪」をおすすめします。

腰のあたりには生命エネルギーがたくわえられていますから、腰をお灸であたためたり、ツボ押しをしたりして、生命エネルギーをアップさせることは、健康と長生きに大いに役立ちます。

あとは気になる症状のツボをプラスして押してあげましょう。

押し方は、**親指を皮膚に垂直に当ててじわじわ押す**のが基本です。爪(つめ)は短く切っておき、

おすすめツボ①　腎兪：老化防止の万能ツボ

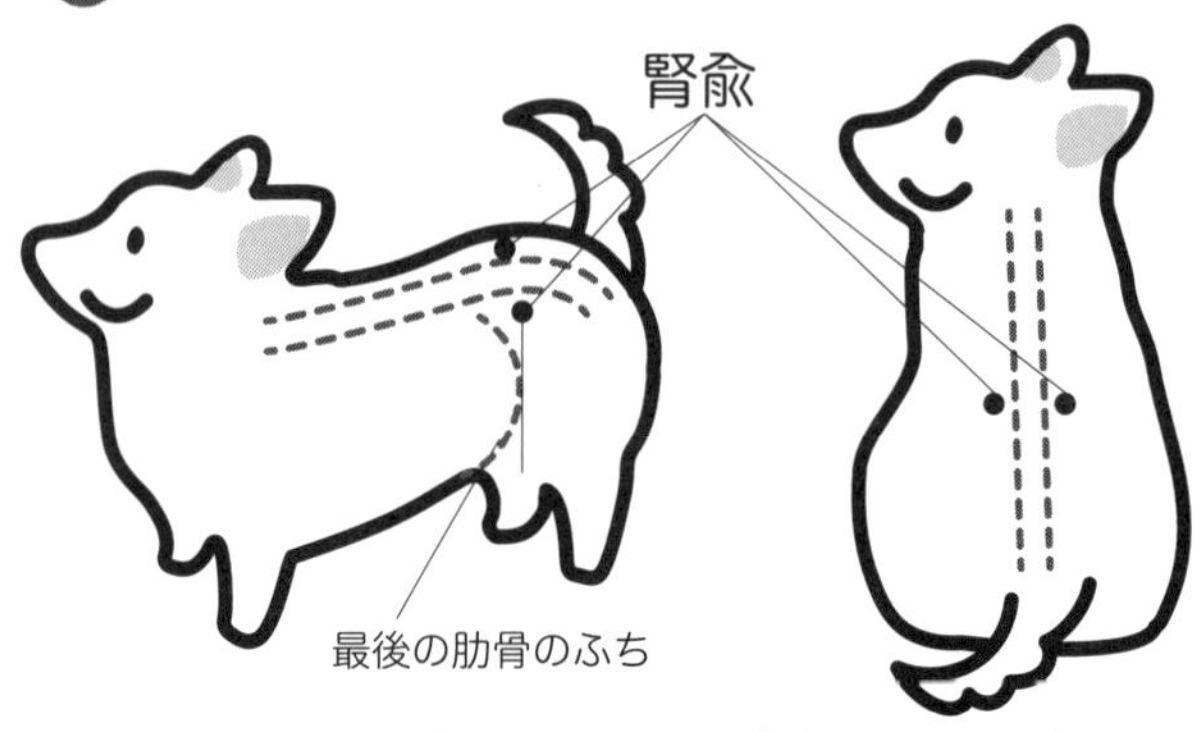

最後の肋骨のふちを背中のほうへ垂直に上げた先。背骨の両側にある

ワンちゃんの様子を見ながら押します。力を入れすぎないように気をつけてくださいね。適度な押し方ができれば、ワンちゃんはくつろいだ表情を見せます。

位置がよくわからなくても、だいたいこのあたりかな、と思うところに手を当てて、**なでたり、軽く押したり、もんだりするだけでも十分に効果があります。**

では、６つのツボを説明しましょう。

①腎兪（じんゆ）：老化防止の万能ツボ

最後の肋骨のふちを背中のほうへ垂直に上げた先。背骨の両側にあります。

腎兪は、気力をアップさせる、足腰を強くする、体をあたためる、内臓の機能をととのえる、耳、鼻、目の症状を改善するなど、あらゆる効果がある万能ツボです。老化の進行をゆるやかにするアンチエイジングのツボとして覚えておいてください。

こんな症状に効く

・老化にともなうさまざまな変化
・腎炎(じんえん)など腎臓の病気
・腰や後ろ足の痛み
・体が動きにくい、麻痺(まひ)している
・尿失禁(にょうしっきん)、頻尿(ひんにょう)など膀胱のあらゆる症状
・冷え
・貧血

②百会(ひゃくえ)：頭スッキリのツボ

頭のいちばん高い場所にあります。体のほてりやのぼせをしずめ、頭をスッキリさせて、リラックスさせる効果があります。

おすすめツボ②　百会：頭をスッキリさせる

ただし、頭蓋骨の発達が十分でない子犬や、チワワなど泉門（頭蓋骨頭頂部の凹んでいる部分）が開いているワンちゃんには、このツボは押さないでください。

こんな症状に効く

・ぼんやりしている
・イライラ、ソワソワ
・不安感
・興奮して眠れない
・めまい

③大椎：冷え改善のツボ

首のつけ根と胸の骨の間にあります。首の先をたどっていくと、首を上下に動かしても

おすすめツボ③　大椎：冷えを改善する

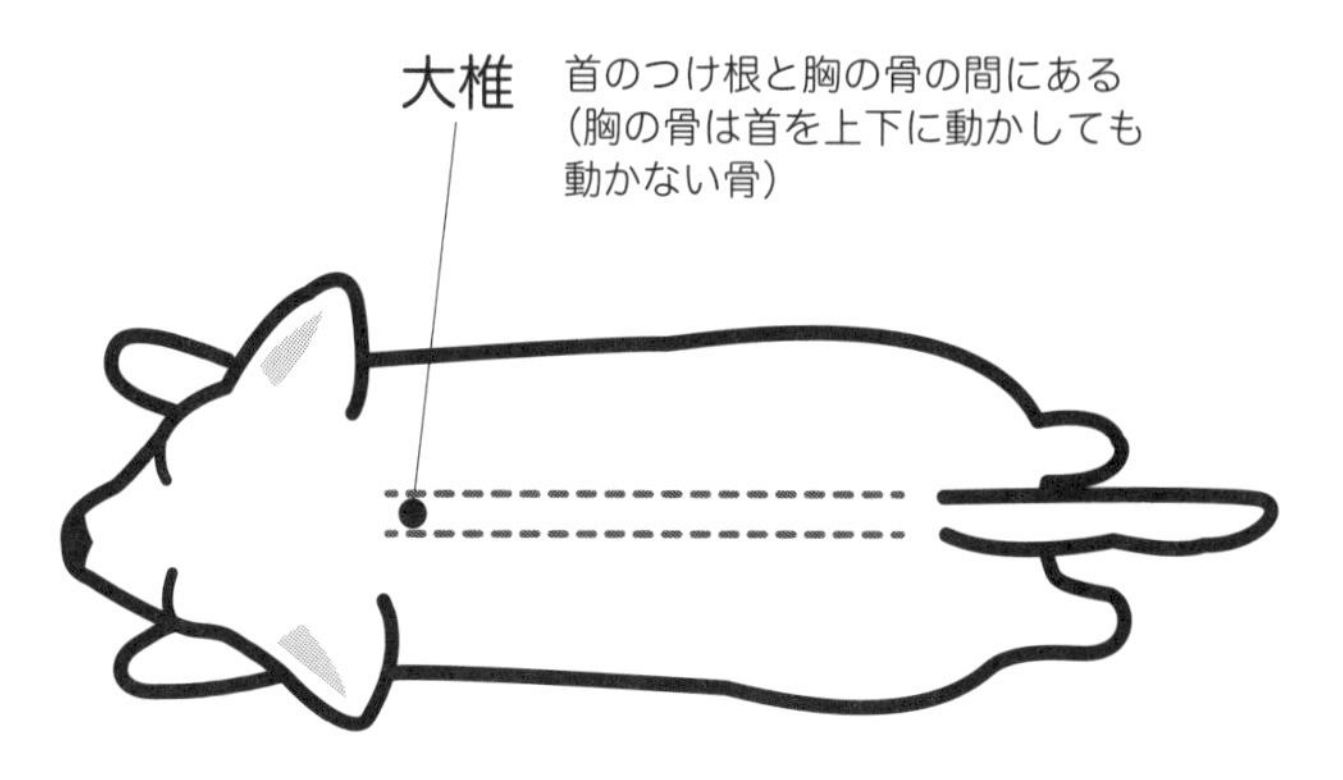

動かないところがあり、それが胸の骨です。

大椎は体のほとんどのツボとつながっているので、ここを刺激することで体全体によい効果がおよびます。冷えを改善する一方で、余分な熱を冷ますので発熱にも効くという、じつにマルチなツボです。

こんな症状に効く

・冷え
・風邪（かぜ）の予防
・風邪の悪化の防止
・虚弱体質
・アレルギー症状

おすすめツボ④　命門：全身の抵抗力をアップ

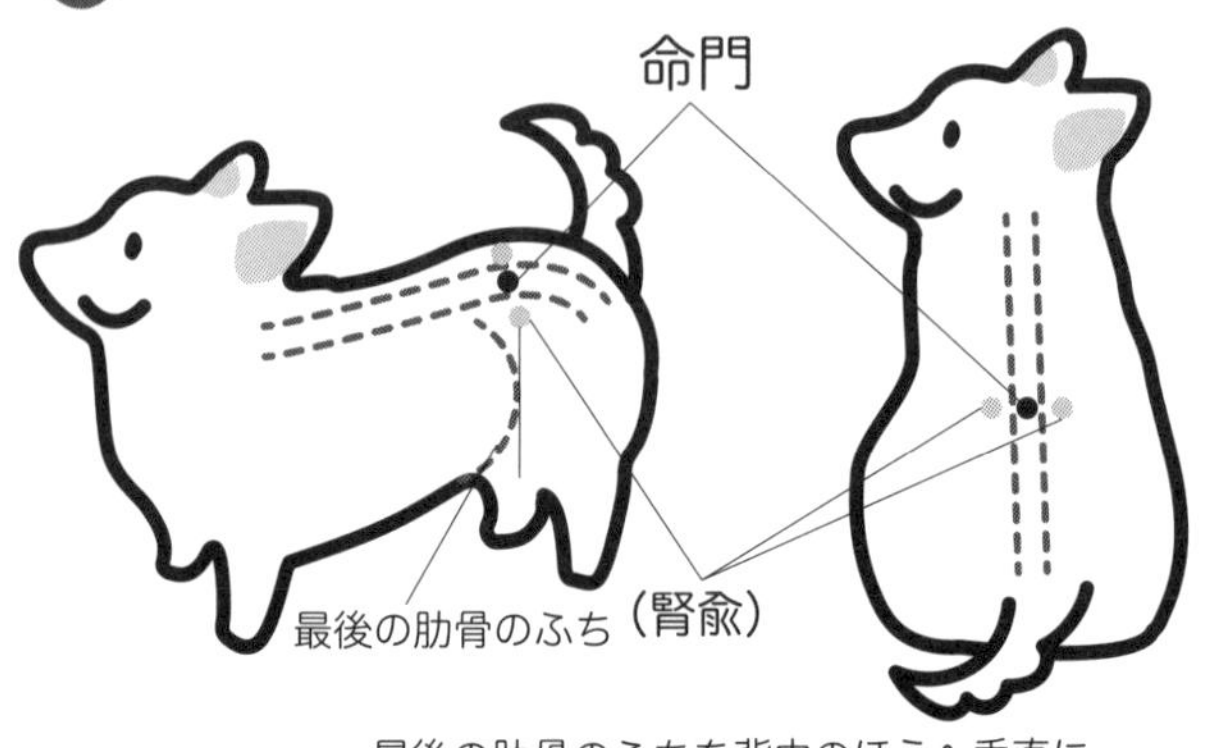

最後の肋骨のふちを背中のほうへ垂直に上げた先、背骨の上で、腎兪の間にある

④命門（めいもん）：抵抗力アップのツボ

最後の肋骨のふちを背中のほうへ垂直に上げた先の、背骨の上（骨と骨の間）にあります。腎兪の間です。

エネルギーをアップさせ、体全体にめぐらせる効果があるので、体も心も元気になり、病気や疲れに対する抵抗力がつきます。消化器系や泌尿器系などの症状、腰痛にも有効です。

こんな症状に効く

・元気がない
・虚弱体質
・疲れている
・下痢

おすすめツボ⑤　陽陵泉：弱った後ろ足をサポート

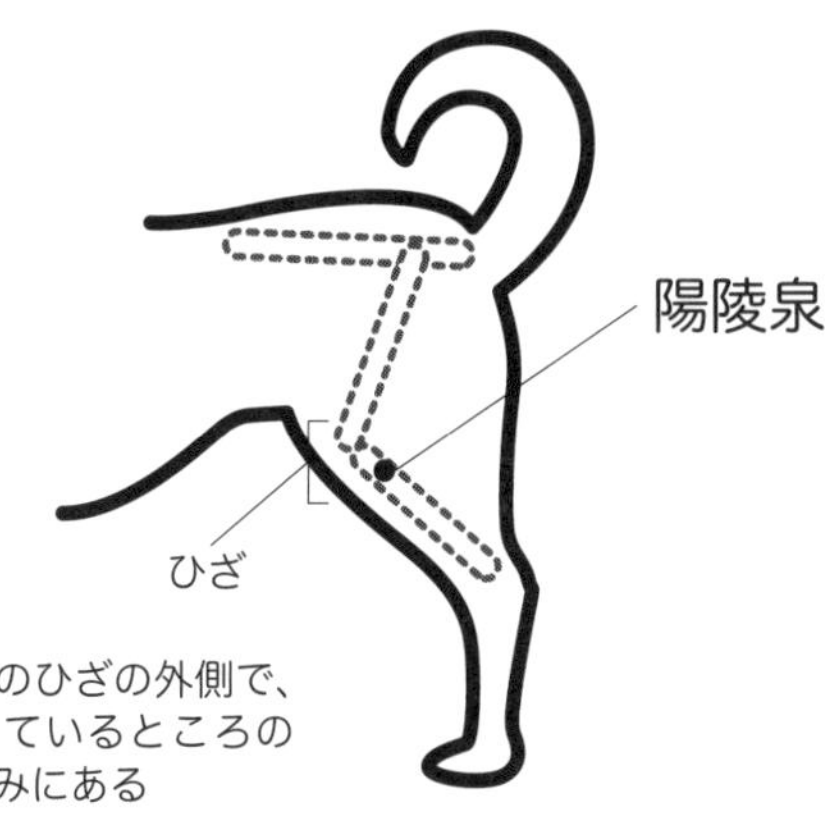

・血便
・頻尿
・腰の痛み
・四肢の冷え

⑤陽陵泉：弱った後ろ足をサポートするツボ

左右後ろ足のひざの外側を触ると、骨が出っ張っているのがわかります。陽陵泉はそのすぐ下のくぼみにあります。

全身の関節や筋肉の痛みに効きます。高齢になると後ろ足の筋肉がおとろえてきますが、そんなワンちゃんにぴったりのツボです。

さらに、右足の陽陵泉は肝臓や胆嚢の働きをよくする、ストレスからくるイライラをしずめるなどの効果もあります。

おすすめツボ⑥　合谷：歯周病に効く

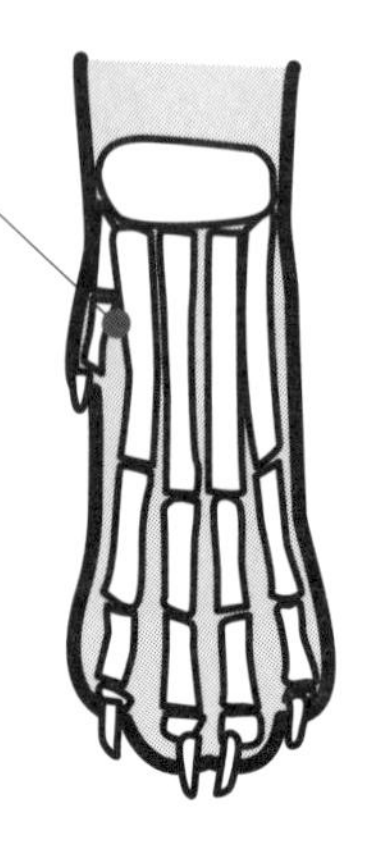

こんな症状に効く

・後ろ足の疲れ
・むくみ
・筋肉の痛み
・筋肉の引きつり
・関節の痛み

⑥合谷（ごうこく）：歯周病に効くツボ

多くの高齢のワンちゃんの悩みである歯周病。歯周病（歯槽膿漏（しそうのうろう）や歯肉炎（しにくえん））は、歯石（しせき）や雑菌が歯と歯肉の間から入り込み、歯根（しこん）が弱ったり膿（うみ）がたまったりして炎症を起こす病気です。歯みがきがいちばんですが、少なくとも痛みをやわらげ楽にしてあげたいですね。

そんなときには「合谷」のツボが効きます。前足の親指と人さし指のつけ根のあいだのくぼみにあります。

ここは綿棒で押してもいいでしょう。綿棒を垂直にして、やさしく「３秒押したら離す」を５〜６回くり返します。

こんな症状に効く

・歯周病の痛み

症状別のお灸／ツボ押し

早わかり！　症状別のお灸ゾーン・ツボ

基本マッサージ、３つのお灸ゾーン、６つの快適健康ツボを覚えておくと、老化にともなう変化や体調不良のケアができます。

第1章で述べた老化による変化・症状ごとの「お灸ゾーンとツボ」を挙げておきましょう。

これらの基本マッサージ、3つのお灸ゾーン、6つのツボは全部が効果抜群です。さらに、**体の中は全部つながっているので、どこかの調子がよくなれば、全体的に調子が上がってきます。**

ワンちゃんの体質や体との相性もあるかと思いますので、いろいろやってみて、ワンちゃんが気持ちよさそうにするところ、効いていそうなところを見つけてあげてください。その組み合わせが、ワンちゃんの体調に合わせた〝オーダーメイドのおうちケア〟になります。

基本マッサージは共通です。いつ、どこで、どれだけやってもいいものなので、習慣のように背中をスーッ、スーッとなでてあげてください。

▼目が白くなりはじめる（白内障がはじまる）

棒灸するなら↓万能&最重点ゾーンの腰

ツボ押しするなら↓アンチエイジングの腎兪＋抵抗力をアップする命門

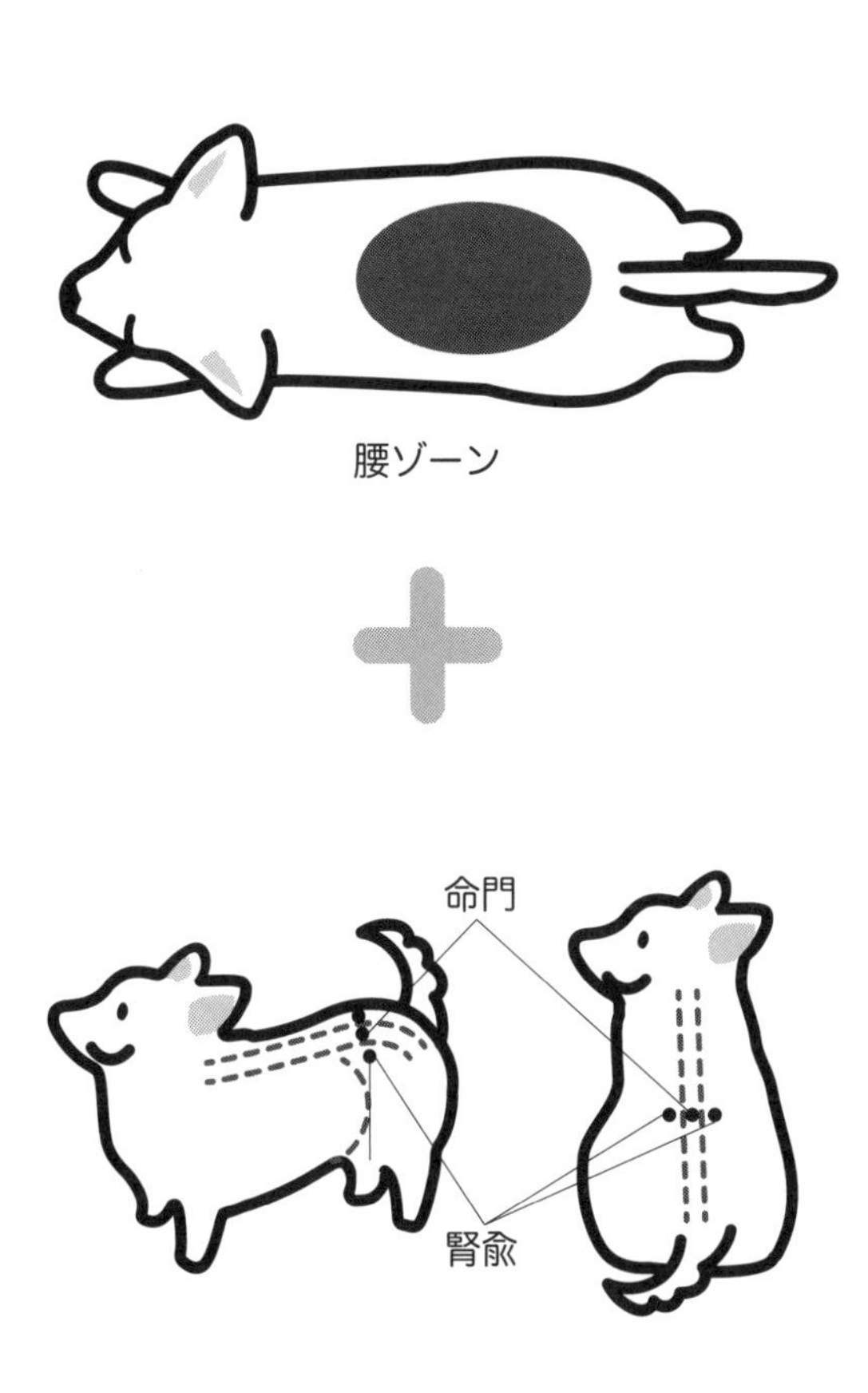

▼**毛が白くなりはじめる（色が薄くなったように見える）**

棒灸するなら↓万能&最重点ゾーンの腰＋内臓から体の調子をととのえる背中

ツボ押しするなら↓アンチエイジングの腎兪＋抵抗力を高める命門

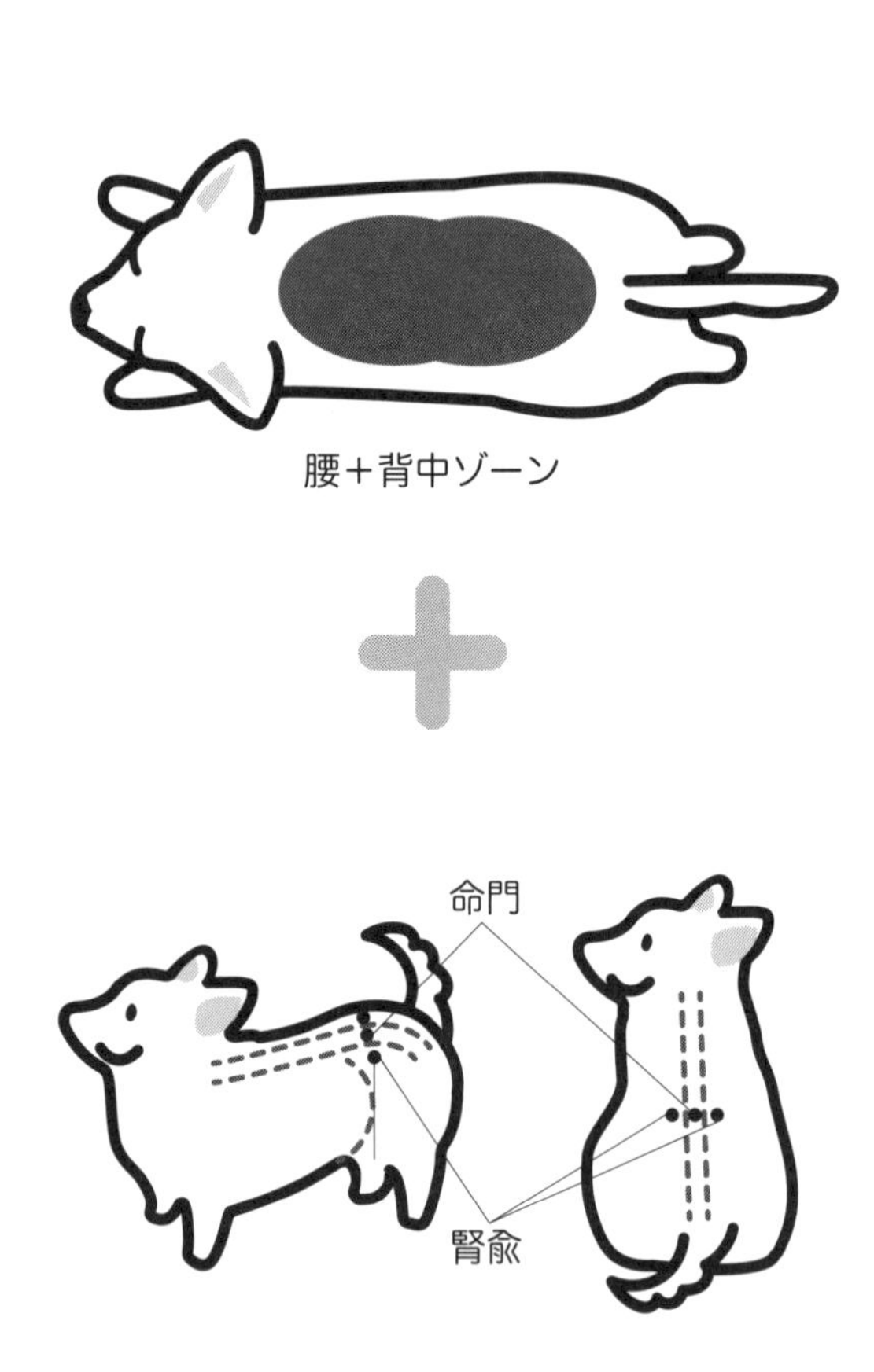

▼太りはじめる、あるいは、やせはじめる

棒灸するなら↓万能&最重点ゾーンの腰

ツボ押しするなら↓アンチエイジングの腎兪＋抵抗力を高める命門

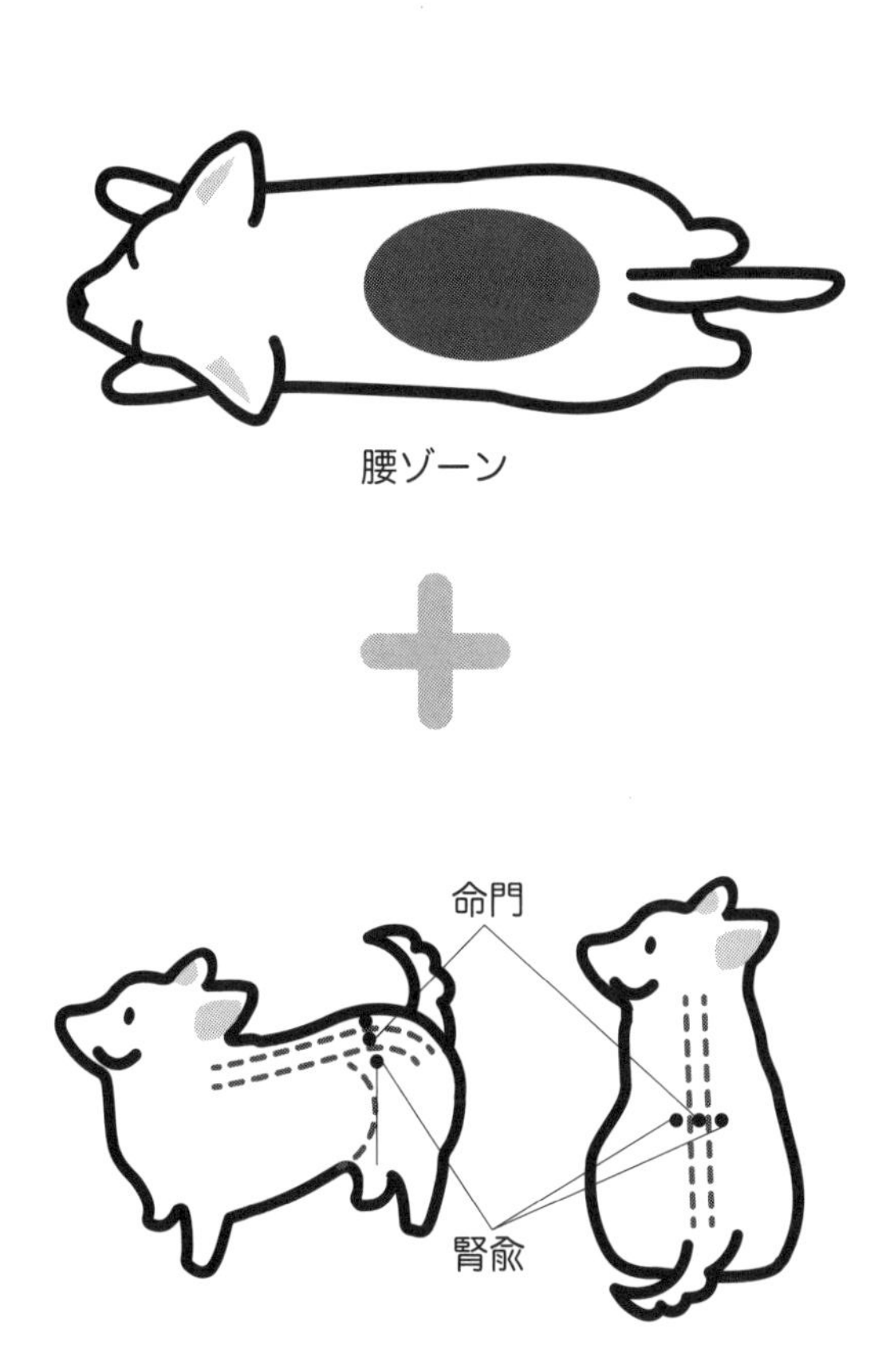

▼**皮がたるむ、あまる**

棒灸するなら↓万能&最重点ゾーンの腰＋内臓から体の調子をととのえる背中

ツボ押しするなら↓冷えを改善する大椎

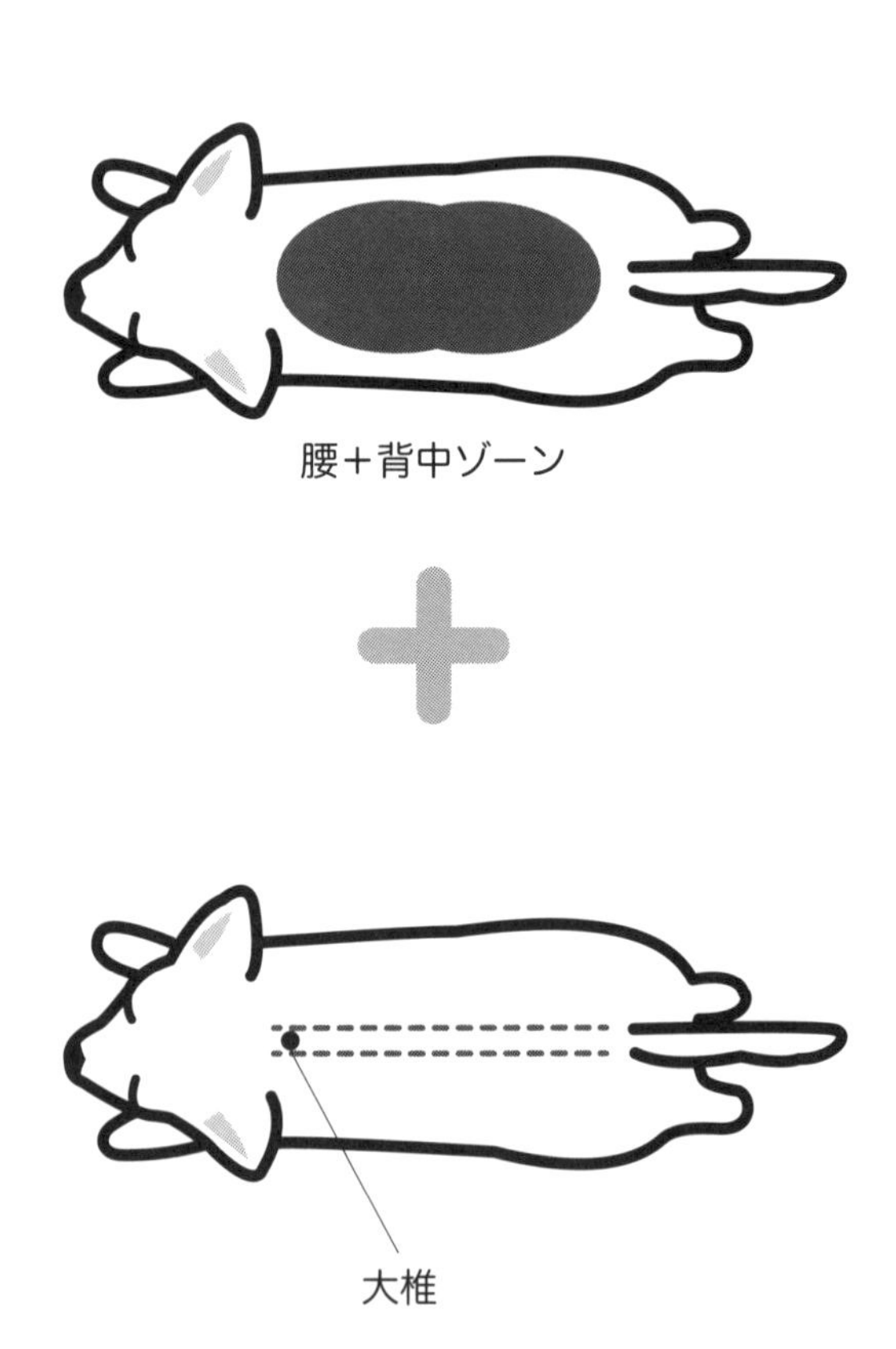

▼毛にツヤがなくなる（毛割れ、毛玉、ブラッシングを嫌がる）

棒灸するなら↓万能&最重点ゾーンの腰＋内臓から体の調子をととのえる背中

ツボ押しするなら↓冷えを改善する大椎＋アンチエイジングの腎兪

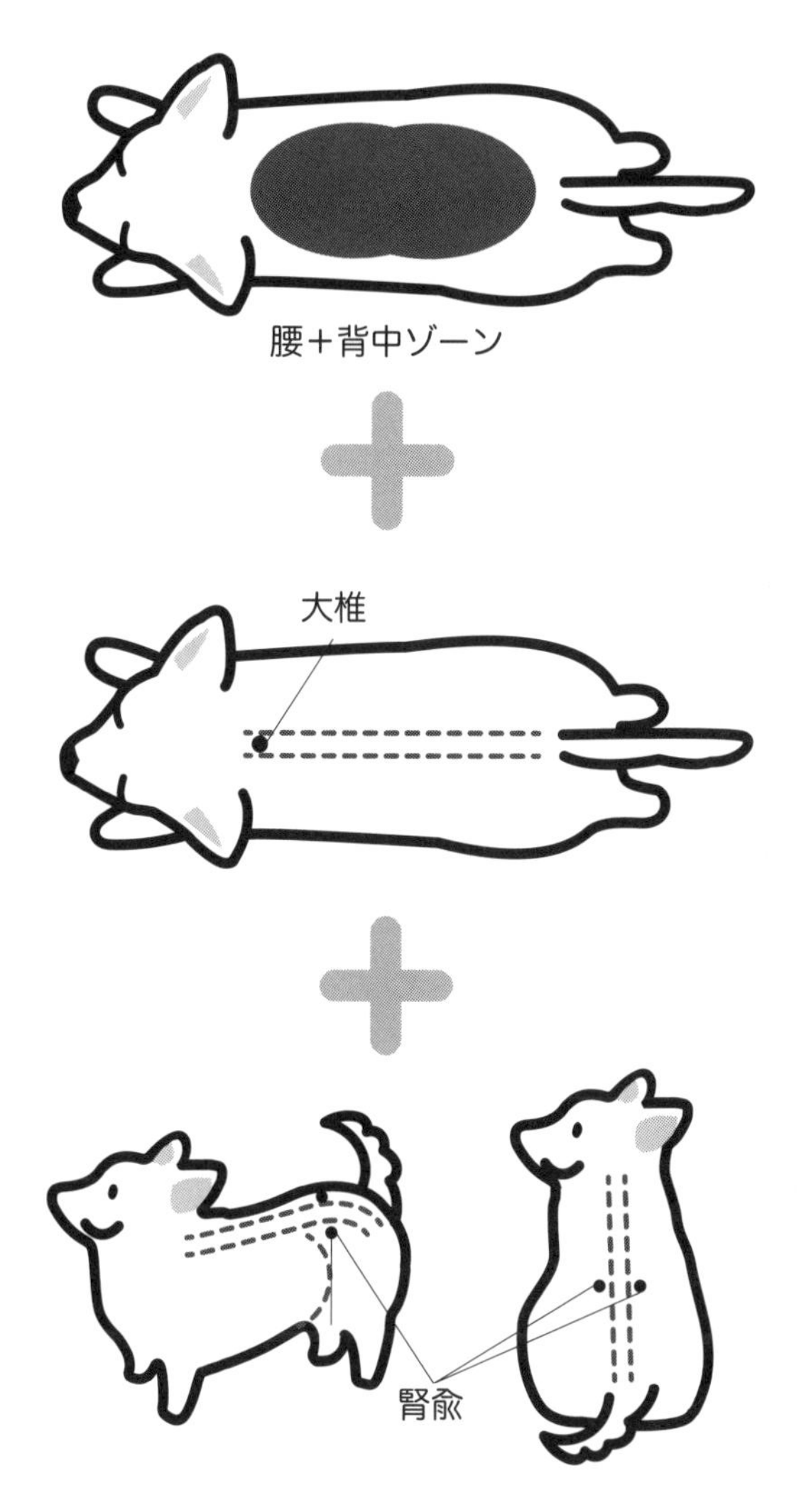

▼**歯周病（口臭がきつくなる、歯石、口の中のネバネバ、膿（うみ）が出る）**

棒灸するなら↓万能&最重点ゾーンの腰

ツボ押しするなら↓アンチエイジングの腎兪＋歯周病に効く合谷

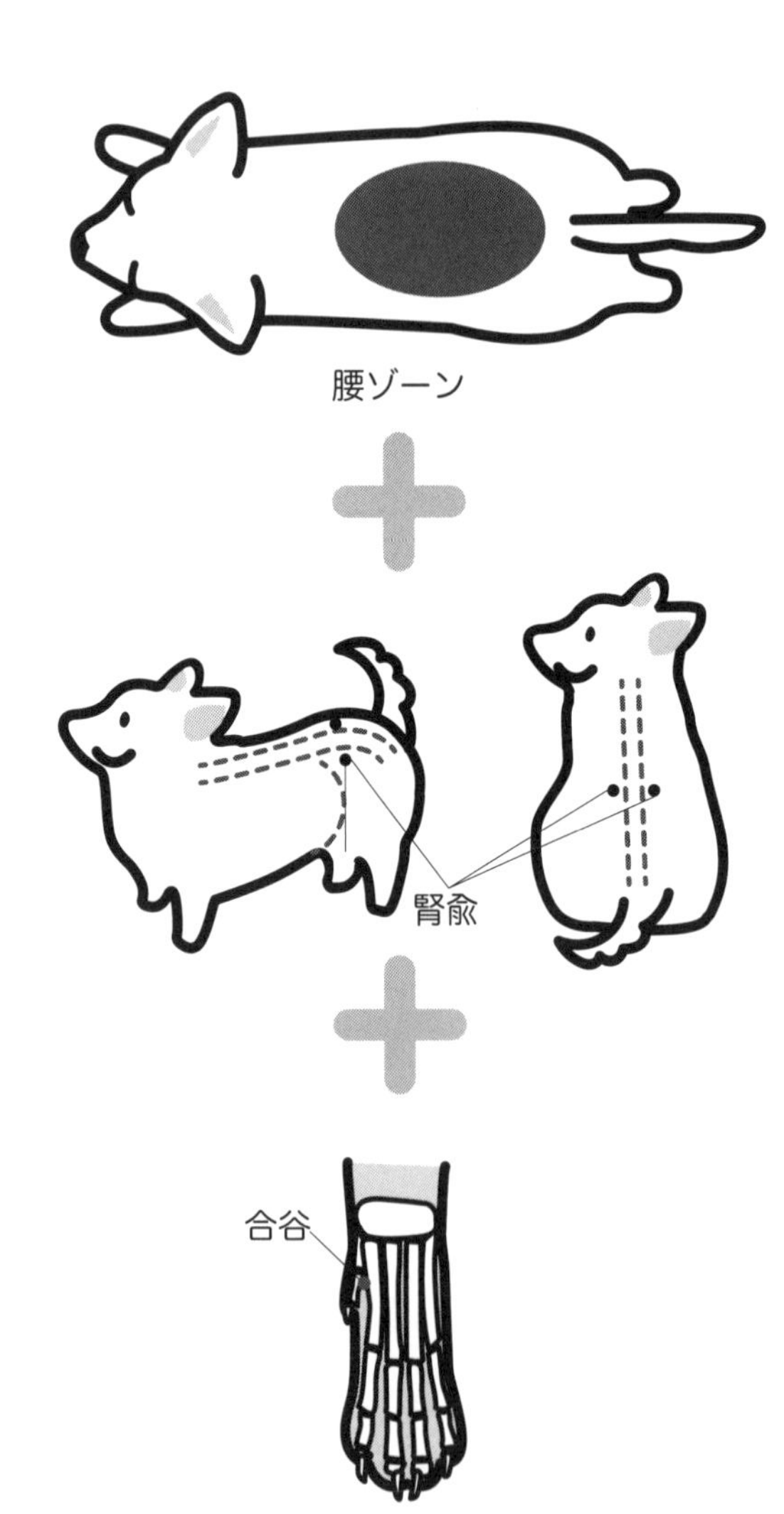

▼後ろ足や腰が弱ってくる（腰が下がる、すわりこむ、しりもちをつく）

棒灸するなら↓万能&最重点ゾーンの腰＋おなかの冷えを改善するおなか

ツボ押しするなら↓弱った後ろ足をサポートする陽陵泉

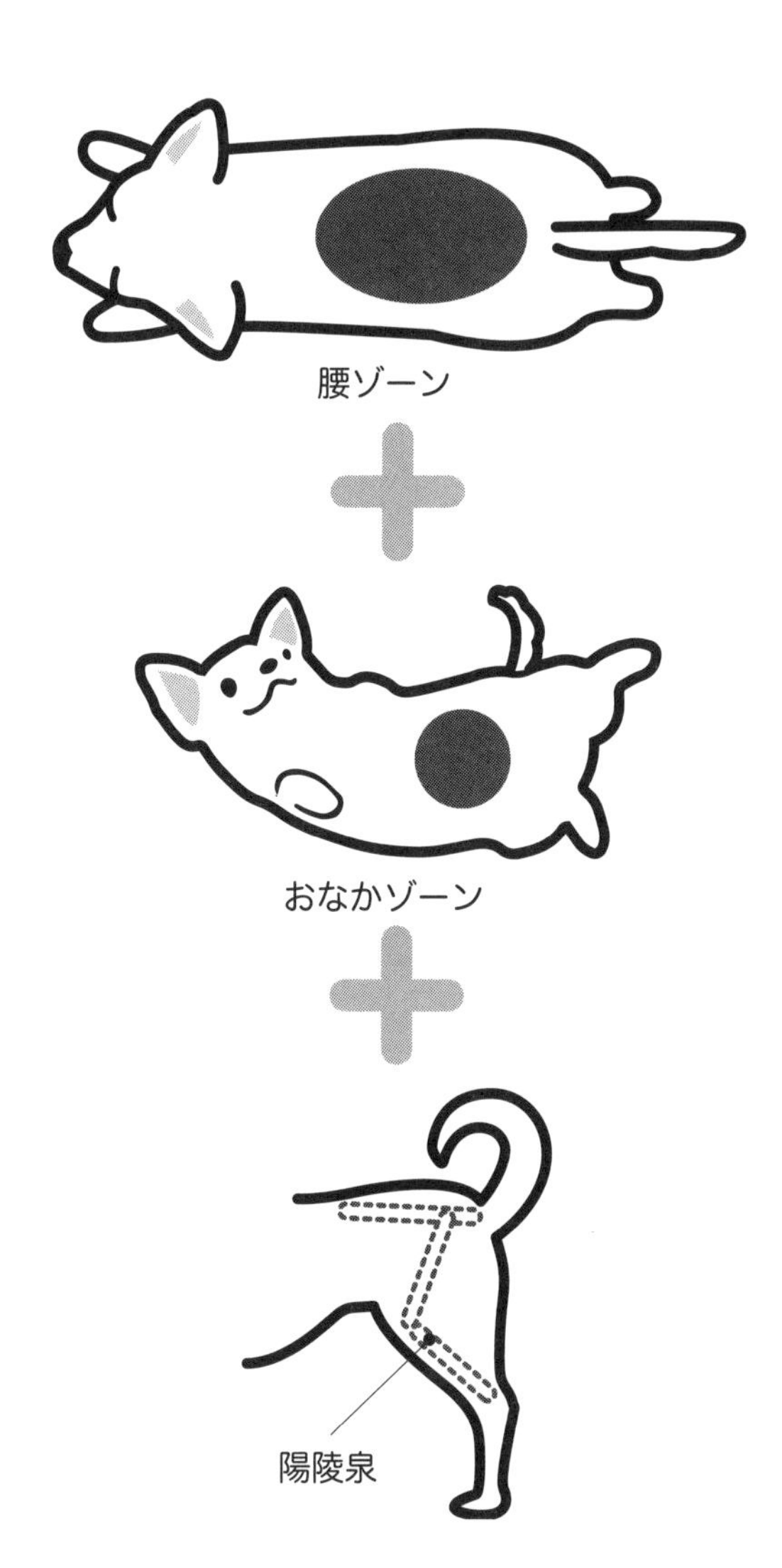

▼聞こえが悪くなる（呼んでも気がつかない）

棒灸するなら↓万能&最重点ゾーンの腰

ツボ押しするなら↓アンチエイジングの腎兪＋頭をスッキリさせる百会

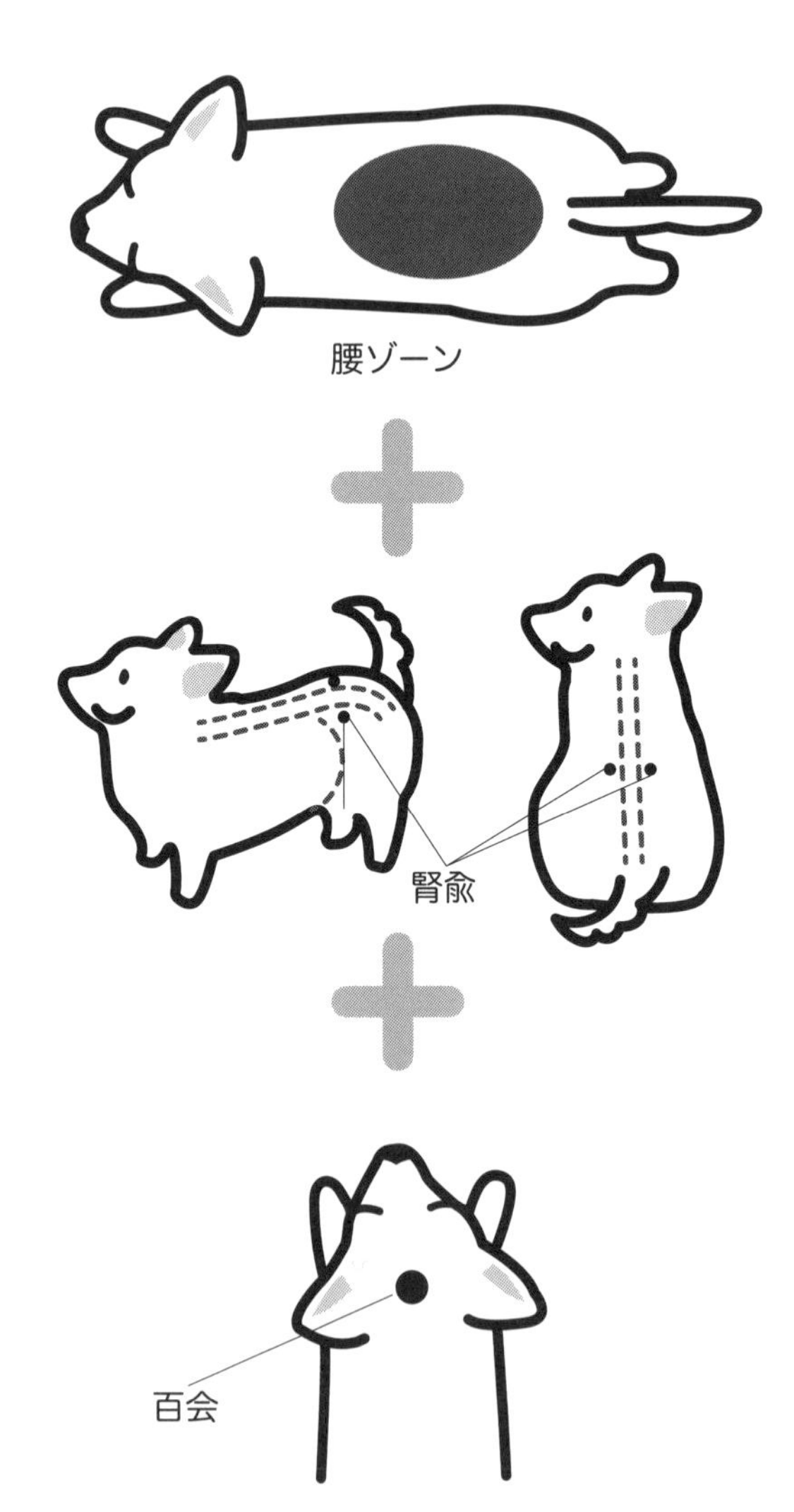

▼痴呆（ぼんやり、徘徊（はいかい）、迷子、認知障害）

棒灸するなら↓万能＆最重点ゾーンの腰

ツボ押しするなら↓頭をスッキリさせる百会＋抵抗力を高める命門

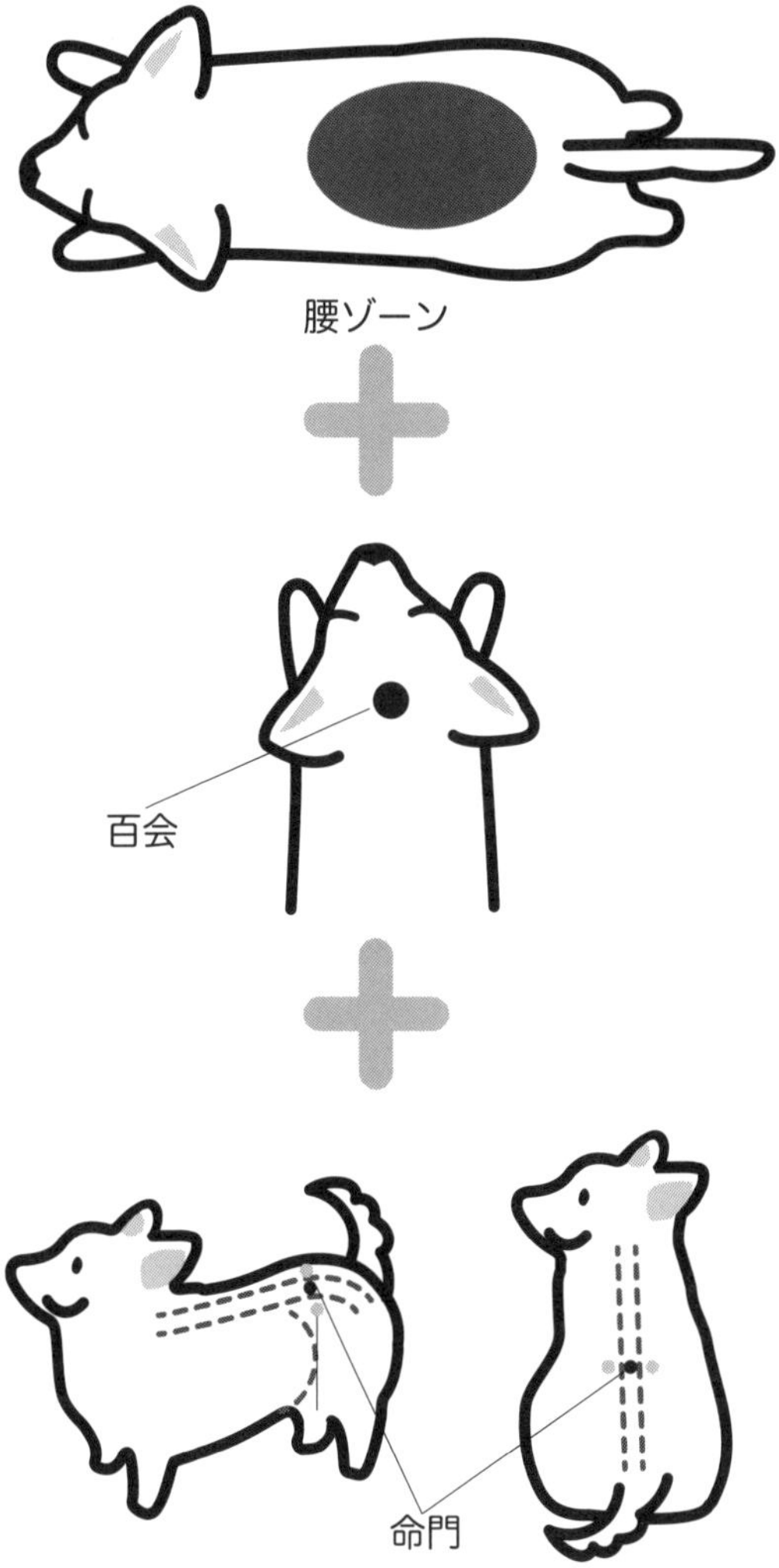

腰ゾーン

百会

命門

▼全体的に元気がない

棒灸するなら↓万能&最重点ゾーンの腰＋内臓から体の調子をととのえる背中

ツボ押しするなら↓アンチエイジングの腎兪 ＋ 抵抗力を高める命門

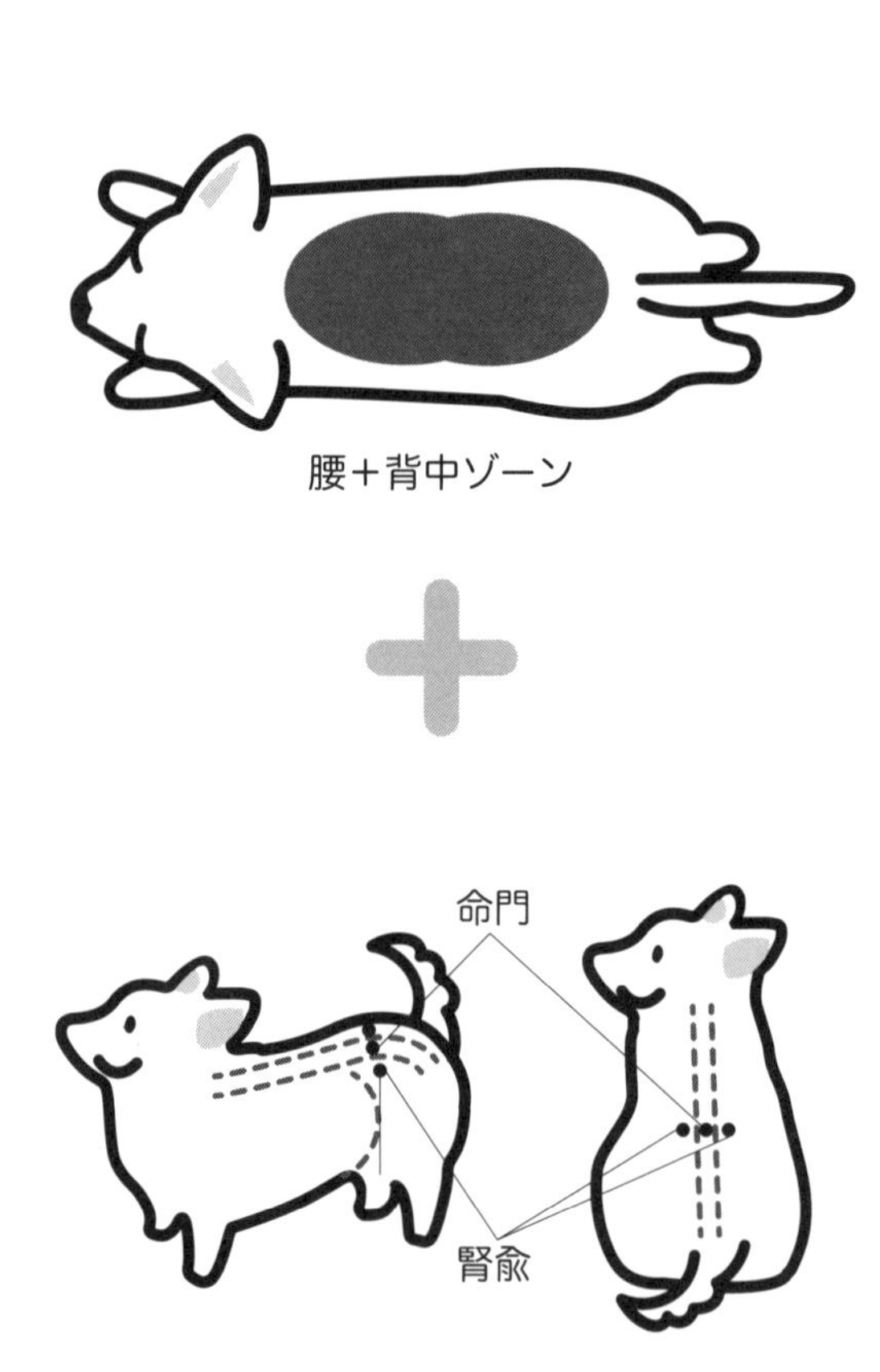

高齢のワンちゃんは腰がいのち

高齢のワンちゃんはとにかく腰を大事にしてあげてください。

これまで述べたとおり、腰のあたりには生命エネルギーがたくわえられています。老化の進行をおだやかにするには、その生命エネルギーをできるだけ減らさないことです。

ですから、おうちケアの１つめ、マッサージとお灸については、次の３つを覚えておきましょう。

①基本マッサージとして、背中の両側をスーッスーッとなで下ろす。
②お灸をするときは腰をあたためる。
③ツボ押しをするときは腎兪。

ぜひ、ふだんのケアにとり入れてみてください。

第4章

愛犬にやさしい
季節の過ごし方
おうちケア2

体調や気分は季節ごとに変わる

季節によって体調や気分が変わるのは、みなさんも実感していることでしょう。異常気象がつづく昨今、季節の影響はとくに気になりますね。

ワンちゃんの体にも季節は大きく影響します。とくに高齢になると、ちょっとした気温や気圧の変化にも敏感になります。

体のどの部分がどのような影響を受けるかは、人間とワンちゃんで共通するところも多いのですが、感じ方が違う部分もあります。

中国の医学古典『黄帝内経（こうていだいけい）』では、**ある季節で無理をすると、その次の季節で調子が悪くなる**とされています。

最近、よくいわれるようになった「秋バテ」はまさにそれです。「秋バテ」は、夏の疲れが秋に出ることですが、じつは同様のことが1年を通して起こっています。

ですから、**悪くなったところに対応するのではなく、先回りして、長く健康を保てる体をつくっていく**ようにしましょう。

ここからは、春、梅雨（つゆ）、夏、秋、冬のそれぞれの季節で気をつけていきたいことやその季節を上手に乗り切るための食材を説明します。秋の長雨の季節も梅雨と同じように考えてください。

春のおうちケアのポイント

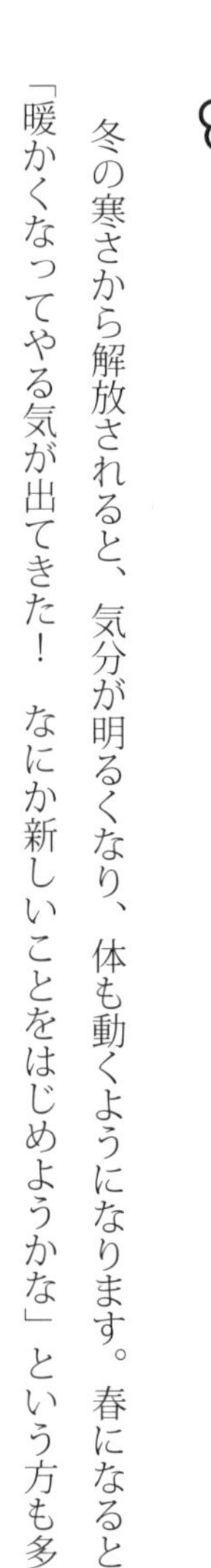

のびのび活動的になる季節

冬の寒さから解放されると、気分が明るくなり、体も動くようになります。春になると「暖かくなってやる気が出てきた！　なにか新しいことをはじめようかな」という方も多いでしょう。

こういう前向きな気持ちになれるときは、体も自然に動きます。体が動くと、血（けつ）のめぐりがよくなります。食欲も出てきて、内臓の働きも活発になります。全体的に新陳代謝（しんちんたいしゃ）が盛んになる、うれしい季節です。

人間もワンちゃんも、心と体をのびやかにして過ごしましょう。

ストレスから噛んだり下痢をすることも

心地よい季節ですが、同時に**春は、なにかとストレスやイライラを感じやすい季節**ではないでしょうか。生活のパターンが変わったり、出会いや別れがあったり。飼い主さんに変化はなくても、世の中全体がそういう雰囲気に包まれるので、春はなにかと落ち着かない季節でもあります。

ワンちゃんもそういう雰囲気を敏感に察して、人間と同じようにストレスを感じたり、イライラしたり、ソワソワしたりします。

普段はおだやかなワンちゃんでも、**ストレスがたまると、興奮して噛(か)んだり、吠(ほ)えたりすることがあります。**人間がストレスからイライラしたり、怒りっぽくなったりするのと同じです。

興奮がさらに強くなると、一時的なてんかん様発作を起こすこともあります。

ストレスから下痢(げり)や嘔吐(おうと)を起こすこともあります。

適度な運動でストレス発散を

ワンちゃんにとって、**ストレスを発散する方法としてもっとも効果的なのは運動**です。

冬の寒いあいだは散歩を少なめにしていたとしても、春になったら、外の空気にふれる時間を徐々に長くして、散歩の距離も時間も少しずつ、無理のない範囲でのばしてみましょう。

ワンちゃんにとって運動ができる喜びは大きいものです。ワンちゃんの大きな喜びは、「食べる、遊ぶ（運動する）、寝る」の3つです。

また、人間と同じで、動くと食欲がわいて、内臓の働きもよくなります。

運動して適度に疲れると、よく眠れるようにもなります。生活のリズムがととのうため、**高齢のワンちゃんに多い昼夜逆転がおさまることも**よくあります。

歩くことがむずかしい場合でも、抱っこやカートで散歩に出て、春の陽気を感じさせてあげましょう。**草木や花の匂いを嗅**（か）**ぐのは、心身ともによい刺激に**なります。適当な草地があれば、おろしてあげてもいいと思います。

めまいや爪割れ、けいれんなどが出やすい

春は、目、爪(つめ)、筋(すじ)に不調が出やすい季節です。

目については、めまい、涙目、ドライアイ、かすみ目などがよくある症状です。めまいは見た目にはわかりにくいのですが、急に立てなくなった、フラフラする、吐(は)く、といった症状が出た場合、原因はめまいであることが少なくありません。頭を固定すると、目が振れているのがわかります。

爪については、割れる症状が多く出てきます。

筋というのは、東洋医学では筋肉というより、腱(けん)、筋膜(きんまく)、じん帯など、関節をサポートする器官を指します。

血のめぐりが悪くなって、筋に栄養が送られなくなると、けいれん、ふるえ、チックのように体の一部がピクピクふるえるといった症状が起こります。

また、最近は**ワンちゃんの花粉症**も増えています。

ます。

ストレス解消には酸味・シジミ・アサリ

ストレス解消には、酸味のあるものが効きます。たとえば、トマト、リンゴなどがあります。

また、酸味に甘味を合わせると、酸味を抑えつつ、体をうるおす効果があります。和食の酢のものには砂糖が入りますね。それと同じ考え方です。

甘味の食材には、ハチミツ、黒豆、人参、卵などがあります。人参は目にもいいですね。

ヨーグルトは酸味と甘味の両方の性質をもつので、おやつに使ってはいかがでしょうか。

ほかに、ストレスの影響を受けやすい**肝臓（かんぞう）のサポートにはシジミ、アサリがおすすめ**です。ワンちゃんには、身はとり出して、だしだけ飲ませてください。

血を増やし、めぐりをよくして、爪や筋にまで栄養を届かせるには、レバー、ひじきもおすすめです。

雨期のおうちケアのポイント

湿気はワンちゃんの大敵

梅雨から夏、秋の長雨のころまで通しての湿度の高さには、ほんとうに体が参ってしまいますね。体が重い、だるい、胃腸の調子が悪いと感じる方も多いでしょう。

このような不調はワンちゃんにも同じように起こります。とくに**ワンちゃんは**人間と違って**汗をかかないので、パンティング（ハアハアすること）で水分を蒸発させて、体温調節をしています。**

湿度が高いと、この調節がうまくいかなくなり、体温調節がむずかしくなります。あとでくわしく説明しますが、湿度の高さから熱中症を起こすこともあります。

じつは、ワンちゃんは**人間より温度や湿度に敏感**です。

湿気で増える消化器系のトラブル

湿度が高い日がつづくと、人間もワンちゃんも、**胃腸の調子が悪くなります。**

また、湿度が高いと、体の中にもよけいな水分がたまって、代謝がうまくいかなくなります。

症状としては、腹痛、軟便、消化不良、下痢、痰、血便、血尿、皮下出血などがあります。

体全体に、だるさや疲れを感じることもあります。

高齢のワンちゃんの場合、気候がジメジメしてきたのがきっかけで、体が重だるくなって元気を失い、食欲も低下してごはんが食べられなくなってくることがあります。

エアコンや除湿機を使ったり、利尿効果のある食材を食べさせたりして、**こまめに体の内外から湿気をとり除く**ようにしてあげましょう。

エアコンや除湿機を早めに使う

ワンちゃんにとって、湿気は人間以上にこたえるものです。

ワンちゃんにとって適切な湿度は40～60パーセントといわれていますが、梅雨のあいだは湿度が80パーセントになることもあります。

人間にとっては、気温が低ければ、多少湿度が高くても問題なく感じられるかもしれませんが、ワンちゃんには厳しいかもしれません。

室内では早めにエアコンのドライ機能や除湿機を利用しましょう。ただし、冷房を入れるようになったら、同時に冷えすぎにも気をつけてください。

キュウリ、豆腐などで熱を冷ます

雨期は消化器系が弱りがちであるのに加え、散歩も少なくなっているかもしれないので、いつも以上に**食べすぎには注意**してください。

また、蒸し蒸しすると冷たいものがおいしく感じられるのは、人間もワンちゃんも同じですが、**冷たいものは消化器系の働きをにぶくするので、あたたかいものを食べる**ようにしましょう。

体の中にたまっている水分や熱をとり除くには、**利尿効果があって、熱を冷ます食材をとり入れたい**ものです。

小豆（煮汁）、ハトムギ、玄米、大麦、春雨、黒豆、キュウリ、トウモロコシ、エンドウマメ、昆布のだし汁、豚レバー、豆腐、キャベツなどがおすすめです。

夏のおうちケアのポイント

体温調節がしにくい季節

楽しい予定がいっぱいの夏は、暑さから体調を崩しやすい季節でもありますね。

ワンちゃんもそれは同じで、とくに**高齢になると、人間と同じように、体温を調節する**

能力が落ちてくるので、注意してあげてください。

夏になるとワンちゃんといっしょに海や山に出かけるというご家庭もあると思いますが、**高齢になってくると、「前年と同じように」とはいかない**ものです。

それでも、ワンちゃんにとって家族との楽しい時間はかけがえのない喜び。無理はさせず、楽しい思い出をつくってくださいね。

熱中症と夏バテに要注意

猛暑が年々厳しくなってきているような昨今、夏にとくに気をつけなければならないのは熱中症です。

ワンちゃんにも人間と同じように熱中症があります。

熱中症になると、パンティング（ハアハアすること）、舌が赤くなる、吐き気、嘔吐などが起こり、体温も上がります。

さらに重症になると、目がうつろになる、ぐったりする、意識がなくなる、出血する（鼻血など）といった状態になります。

人間と同様、**熱中症は命にかかわります。**様子がおかしいと思ったら、水をたっぷり含ませたタオルを体にかけ、扇風機の風をあてるなどして、体を冷やす緊急処置をおこないながら、すぐに病院に連れていってください。

外飼い、車の中で待たせるときなどは、とくに注意が必要です。

熱中症にまでならなくても、暑さと湿気で、いわゆる**夏バテになるワンちゃんもたくさんいます。**

熱中症は突然症状があらわれますが、夏バテはなんとなく元気がない、食欲がない、おなかの調子が悪いなどの症状が徐々に出てきます。

熱中症や夏バテは飼い主さんのきめ細やかなケアで防ぐことができます。とくに高齢のワンちゃんに対しては、人間の高齢者と同じような気遣いをしてあげましょう。

散歩前には地面をさわって温度確認

高齢になると運動機能は急速に低下するので、毎日少しでも体を動かすことが大切になってきます。ですから、夏でも散歩はさせたいところですが、場所や時間帯は慎重に選びましょう。

とくにアスファルトの表面は真夏には50～60度にもなります。地面の上を裸足(はだし)で歩くワンちゃんは、肉球のやけどや熱の照り返しを至近距離でおなかに受けるなど、熱の影響をより強く受けてしまいます。

散歩は早朝あるいは夜のできるだけ遅い時間にしましょう。夕方でもアスファルトには熱が残っています。**歩かせる前に飼い主さんが手で地面をさわって確かめてください。**

散歩には給水ボトルを持っていき、こまめに水を飲ませます。

冷房時は腹巻きで内臓冷えを予防

熱中症や脱水は室内や車内でも起こります。これも人間についていわれているのと同じことです。とくに高齢のワンちゃんに夏の昼間、留守番をさせるのであれば、人間の高齢者と同じ気遣いをしてあげてください。

地域によりますが、閉め切って出かけるなら、エアコンはかけたまま、あるいはタイマーを使って、室温を一定に保つようにします。**ワンちゃんにとって適当な室温**（エアコンの設定温度ではなく）**は、夏は24～28度が目安**です。扇風機と併用するのもいいでしょう。温度計があると便利です。

ただし、**冷えすぎには気をつけてください。**「毛皮を着ているようなものだから暑いはず」というわけではないのです。高齢になると、体をあたためる働きをする「気」が不足し、冷えやすくなります。エアコンを使うときは、次のようにして内臓の冷えを防ぎましょう。

- **風が直接当たらないようにする**
- **タオルケットをおなかにかける**
- **綿の服を１枚着せる**
- **綿の腹巻きをする**

暑がりのワンちゃんでも、高齢になると体の中は冷えていることがよくあります。綿の服を着せたり腹巻きをしたりしてもハアハアしないようであれば、着せておいたほうがいいと思います。

直射日光が当たらないようにも注意してあげてください。**フローリングなどの床は夏の日差しで42度以上になる**こともあります。

自分で動けないワンちゃんの場合は、とくに気をつけてあげましょう。また、そうでなくても、**高齢で認知症になってくると、体が熱くなっても、移動するという行動につながらない**ことがあります。

クールマットなども便利ですが、自分で寝返りを打つのがむずかしい場合は、体の向きを頻繁（ひんぱん）に変えて、一部分だけが冷えすぎないようにしてあげましょう。

シニア犬はのどの渇きを感じにくい

室内での脱水対策としては、まず、**いつも水はたっぷり飲めるように**しておきます。1日に必要な水分は体重1キロあたり約40ccと考えていいでしょう。

なかなか水を飲んでくれない場合は、こんなふうにして飲ませてあげてください。

・ごはんの水分量を増やす（ドライフードであればふやかすなど）

・ヨーグルトを混ぜる
・犬用ミルクを使う
・肉、魚、野菜などの煮汁を飲ませる（食欲がない、おなかの調子が悪いときは昆布のだし汁がおすすめ。おなかにやさしく、あたたまります）

起き上がることがむずかしくても、自分で舌を動かして飲めるのであれば、体を少し起こして支え、小皿などに入れた水をなめさせます。

自力で飲めない場合は、スポイトやシリンジ（注射器）などを使うこともできますが、誤嚥性肺炎（ごえんせいはいえん）の危険があるので、やはり体を起こしてから、少しずつあげてください。

高齢のワンちゃんは腎臓（じんぞう）の機能が低下していることが多いほか、**のどの渇き（かわき）を感じにくくなっている**ので、なおさら注意してあげましょう。

夏バテには苦味のある野菜

夏バテや熱中症を予防するには、**「苦味（にがみ）」のある野菜が効果的**です。ゴーヤはその代表格といえるでしょう。ほかには、緑豆春雨、粟（あわ）、豆腐、キュウリ、レンコン、モヤシ、菊花などがあります。

水分を補うためには、アスパラガス、青梗菜（チンゲンサイ）、ズッキーニ、馬肉、豚ハツ、ビワなどの食材がいいでしょう。

さらに、消化を助ける食材としては、オクラ、キャベツ、トンブリ、おかひじきなどがあります。

また、**スイカ**は夏のおやつに大人気ですが、**おなかの中が冷えすぎて、下痢をすることも**よくあります。量はひかえめにしてください。とくに高齢のワンちゃんは気をつけましょう。

梨が出回る時期になっていれば、スイカより**梨のほうがおなかにやさしくて、おすすめ**です。

秋のおうちケアのポイント

気をつけたい秋の乾燥

厳しい残暑を乗り越えるとほっとしますね。自然の恵みも豊かになり、人間もワンちゃんも食欲が戻ってきて、食べ物のおいしさ、食べることの楽しさが感じられるようになります。夜の寝苦しさからも解放されます。

エアコンに頼らなくてもいい貴重な時期です。積極的に外に出かけ、気持ちのよい自然の空気を感じて、冬に向けて気力と体力を養いましょう。

過ごしやすい時期ですが、案外、**気をつけなければならないのは乾燥です。**

せき、毛がパサパサ、くしゃみは乾燥のしるし

空気が乾燥すると、肺が乾燥するのでせきが出ます。

「肺が乾燥する」というのは、ちょっとわかりにくいかもしれませんが、じつは、表面にあらわれる**乾燥は体の中の水分不足と肺の乾燥から**はじまっています。秋にはその傾向が

とくに強まります。

せきは、のどをあたためると楽になることがよくあります。せきが出るようなら、家の中でもネックウォーマーを巻く、服を選ぶときは首元までおおうものにするなどしてみましょう。

乾燥の影響は、皮膚（ひふ）や被毛、鼻にもあらわれます。代表的な症状には、皮膚の乾燥やかゆみ、毛のツヤがなくなる、パサパサする、スカスカになる、フケが出る、くしゃみ、鼻水などがあります。

体内の水分が不足することから大腸（だいちょう）に影響がおよぶと、便秘になることもあります。

夏が過ぎても、体の中は乾いています。それでも、夏のような乾きとはまた少し違うので、**体を中からうるおわせることが大事**になります。秋にはそれにちょうどいい果物が出回るので、積極的に利用しましょう。おやつに使ってもいいと思います。

気分の落ち込みを避ける

乾燥と合わせて秋に気をつけたいのは、気分の落ち込みです。

気持ちのよい時期ではありますが、季節が深まり、木々の葉が落ちてきたり、日が短くなってきたりすると、どこかさびしい気持ちにおちいりがちです。

春と秋は気分的な影響も大きいのです。もともと**春はストレスを感じやすく、秋は落ち込みを感じやすい**ということを意識しておくといいですね。落ち込んだワンちゃんは眠る時間が増え、反応もにぶくなります。

飼い主さんが落ち込んでいると、愛犬も気持ちが沈んできますから、いっしょに美しい秋の景色が見られる場所に出かける、旬のおいしいものを食べるなどして、できるだけ楽しい時間を過ごすようにしましょう。

しだいに風も冷たくなってきて、肌寒さが感じられるようになったら、少しずつ冬支度をはじめるといいと思います。

とくに**高齢のワンちゃんは年々、寒さがこたえるようになります**から、前年よりあたたかいベッドやブランケット、服を早めに準備してもいいでしょう。

ワンちゃんとほっこりとあたたかく過ごす時間を少しずつ長くしていきましょう。

玄米甘酒で体をうるおす

この時期は、**体の中の水分を増やし、肺をうるおわせる食材**を積極的にとり入れましょう。

ごま、ハチミツ、乳製品（ヨーグルトなど）、梨、ビワ、柿、リンゴ、松の実、山芋、大根、レンコン、シソ、菊花、ショウガ、甘酒などがあります。

梨、ビワ、柿、リンゴなどの果物には、熱を下げる効果もあるので、秋の初め、まだ夏の暑さが残っているころにはとくにおすすめです。

甘酒、とくに**砂糖を使わない玄米甘酒は、さまざまな効果が期待できる健康食**として人気が高まっています。ぜひ、ワンちゃんにも飲ませてあげてください。

ただし、酒粕（さけかす）ではなく、麹（こうじ）と米（玄米）でつくった、アルコールを含まないものにしてくださいね。

冬のおうちケアのポイント

内側、外側からあたためて冷えを防ぐ

冷たい北風が吹き、体も自然に縮こまってしまう冬は、人間にとってもワンちゃんにとっても厳しい季節です。

寒くなると関節が痛む、おなかの調子が悪くなるという人も多いでしょう。人間でもワンちゃんでも**「冷えは万病のもと」**です。とにかく体の中の冷えを防ぐことに注意しましょう。

とくに高齢のワンちゃんの場合は、**体温調節をする機能が低下しているので、外からあたためることが大切**です。

冬はすべての動物が静かに落ち着いてゆっくりと過ごすのが自然です。

高齢のワンちゃんの場合、運動能力を保つためには運動も少しはしたほうがいいのです

が、それ以外はあたたかくしてのんびり過ごさせてあげましょう。

被毛で健康状態をチェック

寒くなると、それだけで血のめぐりが悪くなり、全身にさまざまな影響が出てしまいます。

まず、関節や筋肉、神経に痛みが出ます。ワンちゃんの場合は、**動きが悪い、歩き方が遅い、つまずくなどがよく見られる**ようになります。

ほかには、下痢、軟便、せきなども冬に多い症状です。

腎臓や膀胱のトラブルも冬に多くなります。むくみ、多尿、頻尿、膀胱炎のほか、高齢のワンちゃんであれば、腎炎、腎不全、尿毒症なども起こしやすくなります。

乾燥と寒さでエネルギーが不足してくると、すぐに症状としてあらわれなくても、骨、歯、耳、目の水晶体、被毛が弱くなります。骨や歯がもろくなったり、耳が聞こえにくくなったり、白内障が進んだりします。

なかでも被毛については、秋から影響が出はじめ、**抜け毛が増えた、白髪が多い（白い**

毛が増える）、ツヤがない、抜け替わりしない、などが見られるようになります。

このような症状が見られたら、被毛だけの問題ではなく、**体全体で血のめぐりが悪くなって、エネルギーが落ちている**と思っていいでしょう。**被毛の状態は健康のバロメーター**になります。

肉球が冷えているときは手のひらでマッサージ

冬はあたたかく、のんびり過ごして、体の中のエネルギーをできるだけ落とさないようにしましょう。エアコンなどの暖房器具でつねに室内はあたたかくしてください。ワンちゃんにとって**適切な室温は、冬は23～26度が目安**です。

高齢のワンちゃんはとくに冷えるので、家の中でも服を着せたり、腹巻きをしたりしましょう。ベッドにもあたたかくて軽いブランケットを入れるなどの工夫をしてあげてください。

昼間、太陽の光が入る部屋があるなら、日光浴をさせるのもおすすめです。

同時に、冬は乾燥もしているので、加湿器を使用したり、濡れタオルを室内に干したりして、湿度を保つようにしましょう。先述のとおり、ワンちゃんにとって**適切な湿度は40～60パーセント**です。

乾燥すると、秋と同じように、せき、くしゃみ、鼻水、皮膚の乾燥やかゆみ、被毛の乾燥（ツヤがなくなる、パサパサする、スカスカになる、フケが出るなど）が起こります。

第3章で紹介しましたが、**お灸(きゅう)は体を芯からあたためる**効果があります。体全体のエネルギーを高めるには腰をあたためるのがポイントです。

マッサージも血のめぐりをよくします。**肉球が冷えているときは、手のひらで包み込むようにマッサージ**をしてあげましょう。スキンシップにもなり、血とともに気もめぐります。うれしい気持ちは気を上げる特効薬です。

散歩をしない日は室内で軽い運動を

気温があまりにも低いと散歩もひかえる飼い主さんが多いのですが、できれば**あたたかい時間帯に少しでも散歩はさせたほうがいい**でしょう。

高齢になると、運動能力は急激に低下します。寝たきりになるのを防ぐためにも、無理のない範囲で運動をするようにしましょう。内臓の働きも活発になります。

ただし、心臓の病気を持っている場合は、室内外の寒暖差が負担になることがあるので、かかりつけの獣医師と相談のうえ、無理のない範囲でおこなってください。

散歩にいくとき、とくに**体の小さいワンちゃんには服を着せて**あげてください。高齢になると、動きがゆっくりになって、体もあたたまりにくいので、様子を見て多少厚着をさせていいでしょう。

それでも、無理は禁物なので、散歩をしないときは、家の中で遊びを兼ねた運動をして、**体を動かす機会をつくってあげましょう。**

冷えを取り老化をゆるやかにする黒食材

寒い冬には内臓まで冷えてしまうので、**内臓をあたためて、体の中から冷えを取り除く**食材を選びましょう。

黒豆、黒ごま、栗、黒米、ブロッコリー、ゴボウ、キャベツ、枝豆、鶏レバー、豚肉、鹿肉、青魚、鯛(たい)などがあります。

とくに、**黒豆、黒ごま、黒米などの黒い食材は、老化をゆるやかにする**効果があります。高齢のワンちゃんには積極的に食べさせてあげましょう。

第5章

愛犬の健康長寿を食べ物でつくるおうちケア3

よい食べ物は元気と長生きの基本

食養生（しょくようじょう）とは、体に合ったよいものを食べ、健康を維持することで、東洋医学では元気の基本とされています。

人間もワンちゃんも、生まれながらにして持っているエネルギー（生命力）は、ある年齢から減っていってしまいます。でも、**よい食べ物をとれば、エネルギーを補ったり、上げたりすることができます。**

近年、ワンちゃんの体のことをよく考えた良質なドッグフードがたくさん出てきたのは、とてもうれしい傾向です。

その一方で、最近、飼い主さんからは、「たくさんありすぎて、何を選べばいいのかわからない」という声をよく耳にします。

たしかに、ホームセンターや大型ペットショップでは、何列もの商品棚にさまざまなフードがずらりと並んでいます。ネットショップにいたっては、見はじめるときりがありません。その数に圧倒された方も少なくないでしょう。

ここからはドッグフードの選び方のコツ、ワンちゃんが高齢になってきたときの対応の仕方についてお話しします。

最近はサプリもいいものがたくさんあるので、その選び方も説明します。

また、ドッグフードになにかトッピングしてあげたい方や手づくりごはんにチャレンジしてみたい方もいると思うので、ポイントになることも挙げておきます。

手づくりごはんについては、高齢のワンちゃんのために、薬膳（やくぜん）の考え方にもとづくメニューを考えました。

「医食同源」という言葉があるように、**食材には薬のような効能、つまり「薬効」があります。**紹介するメニューには高齢のワンちゃんを元気にする薬効がたっぷりあります。

飼い主さんといっしょに食べられるメニューもあります。「ワンちゃんに人間と同じものをあげてもいいの？」と思われるかもしれませんが、味つけをする前にとり分けておけば、大丈夫なものが多いんですよ。

ワンちゃんにとって、食べることは最大の喜びのひとつ。いつまでも、その喜びを感じさせてあげたいですね。

年をとってきたら気をつけたいポイント

シニア犬は水分をたっぷりとる

高齢になってから栄養をどのようにとるかについては、ドッグフードと手づくりごはんのそれぞれについて、順番にくわしく説明します。共通して気をつけたいポイントを先に挙げておきましょう。

まず、**水分をたっぷりとること**です。

人間についても水分をたっぷりとりましょうといわれていますが、ワンちゃんにとっても水分は非常に重要です。

体のほとんどは水分で満たされていますから、**体内の水分が不足すると、**まず体全体の動きが悪くなります。

また、血液がドロドロになって、**心臓に負担がかかります。**血のめぐりも悪くなるので、

腫瘍（しゅよう）ができたり、痛みが生じたりします。

1日に必要な水分は、体重1キロあたり約40ccです。水はいつでも自由に飲めるようにしておきます。

腎臓（じんぞう）にトラブルがある場合は、それよりたくさん飲みましょう。老廃物を出す能力が落ちているので、たくさん水分をとり、尿（にょう）を増やして、その能力を補います。

硬水は飲ませない

高齢のワンちゃんはのどの渇（かわ）きを感じにくくなっているので、自分で飲む量に任せず、**飼い主さんが意識して水分をとらせる**ようにしましょう。**冬は少しあたためると、飲みやすく**なります。

第４章の夏の脱水対策でお話ししたように、なかなか水を飲んでくれない場合は、ごはんの水分量を増やす（ドライフードはふやかすなど）、ヨーグルトを混ぜる、犬用ミルクを使う、肉や魚、野菜の煮汁を飲ませるなどの工夫をしてあげるといいでしょう。

自分で舌を動かして飲めるのであれば、体を少し起こして支え、小皿などに入れた水をなめさせます。自力で飲めない場合は、スポイトやシリンジなどを使って少しずつ飲ませます。誤嚥性肺炎を避けるためにも、横になった状態ではなく、体を起こして飲ませましょう。

硬度の高いミネラルウォーター（硬水）は飲ませないでください。カルシウムやマグネシウムなどのミネラル分を含むため、結石の原因になることがあります。日本の軟水であれば問題ありません。

水を飲む量が急激に増えた、おしっこの量が急激に増えたなどの場合は、糖尿病、副腎皮質機能亢進症（クッシング症候群）、子宮蓄膿症、腎不全などが疑われるので、病院で診察を受けましょう。

食が細ってきたら

高齢のワンちゃんの飼い主さんから、

「若いころは、ごはんを出したらすぐにパクパク食べたのに、最近はなかなか食べないんです……」

というご相談を受けることがあります。そんなときは、次のようなことをチェックしてみてください。

・ごはんをあげすぎている

ごはんを残すようなら、まずあげすぎでないかを確認しましょう。

高齢になると、必要なカロリー量は減ってきます。高齢期のワンちゃんに必要なカロリー量は１３８ページの上の表のとおりです。体型、便の状態、活動量の変化などの様子を見ながら加減してください。

一度にたくさん食べられないなら、回数を分けてもいいでしょう。

・嗅覚が鈍くなっている

ごはんを出してもすぐに食べない場合は、嗅覚（きゅうかく）のおとろえも考えられます。ドッグフードを替えるのも手ですが、**あたためて香りを強くする**だけでも、食べはじめることがあります。

ドライフードなら、少しお湯を足してあたためるといいでしょう。ただし、熱湯を入れるとビタミンが壊れてしまうので、40〜50度くらいのぬるま湯を使います。

・食べる力がおとろえている

歯が悪くなってきたり、飲み込む力が弱くなってきたりしたために、食べにくいという場合もあります。**ドッグフードをふやかしたり、**ふやかしてさらに**マッシャーなどでつぶしたりすると**食べやすくなります。

また、頭を下げてごはんを食べるのはそれだけでも負担になるので、**ごはん台をつくる**のもいいと思います。雑誌や本、ブロックなどで食べやすい高さに調整してあげるとラクになります。

・食欲をわかせるひと工夫

食欲をわかせるには、**ドッグフードになにかトッピング**してもいいでしょう。この本のなかで挙げている食材を参考に、体によいものを足してあげてください。

また、食欲がなくても、**お灸やマッサージで体をあたためてあげると、食べる気力が戻ってくる**こともよくあります。

心配な状態がつづくようなら、早めに病院で診てもらいましょう。

ドッグフードの選び方

「総合栄養食」を選ぶ

ドッグフードを選ぶコツについて、高齢のワンちゃんにかぎらず、基本的に知っておいていただきたいことからお話しします。

まず、目的別の分類を知っておきましょう。

ドッグフードのパッケージには「総合栄養食」「間食」「おやつ」「スナック」「副食」「おかず」「栄養補助食」など、「フードの目的」の表示があります。

そのなかで、そのフードと水だけで栄養がすべてとれるものは「総合栄養食」です。この表示をするためには、メーカーは分析(ぶんせき)試験や給与試験で栄養成分の基準を満たしていることを証明する必要があります。

ドッグフードが主食なら、「総合栄養食」表示があるものを選んでください。

そのほかのフードでは、1日に必要な栄養を満たすことはできないので、注意しましょう。

とても小さいワンちゃんや高齢のワンちゃんは、「おやつ」と書かれているものだけでおなかがいっぱいになってしまうことがあります。「足りているみたいだからこれだけでいいじゃない」では、栄養不足になりかねず心配です。

原材料表示の注意点

「総合栄養食」であることを確認したら、次に見ていただきたいのが、袋の裏面の「原材料表示」です。ここがドッグフード選びの最大のポイントになります。

いちばん大切なことは、読んですぐわかる原材料名が書いてあることです。次ページの2つの商品の原材料表示を比べてみましょう。

商品Aの原材料は何か、見ればすぐにわかります。

ドッグフードの原材料表示

商品A	商品B
鹿肉、鶏肉、サツマイモ、大麦、オートミール、鶏脂、亜麻仁油、ビタミンE、グルコサミン、リンゴ、ニンジン、ホウレンソウ、カモミール、クランベリー、マリーゴールド、着色料・保存料不使用	肉類（チキンミール、牛肉粉、チキンレバーパウダー）、穀類（トウモロコシ、小麦粉）、野菜類（ニンジンパウダー、カボチャパウダー、ホウレンソウパウダー）、魚介類（フィッシュミール）、着色料、酸化防止剤

ワンちゃんも人間と同じで、**健康な体をつくる三大栄養素はタンパク質、炭水化物、脂質**です。商品Aでは、鹿肉と鶏肉がタンパク質、サツマイモ、大麦、オートミールが炭水化物、鶏脂と亜麻仁油が脂質ということですね。

一方、商品Bは「チキンミール」「チキンレバーパウダー」など「ミール」「パウダー」の表示が目立ちます。これらはどのようなものか、よくわかりませんね。**「ミール」や「パウダー」は肉であっても、じつは食用でない部位も含まれていたりします。**

着色料、酸化防止剤が入っているのも気になります。できるだけ**保存料、着色料、酸化防止剤、pH調整剤、保湿剤などの添加物が入っていないものを選びましょう。**

最近は「添加物ゼロ」をうたうドッグフードも増

えてきました。保存料や酸化防止剤が入っていないと酸化しやすいので、小袋あるいは小分けになっているものを選び、開封後は冷蔵庫で保存しましょう。

酸化防止剤でも、ビタミンC、ビタミンE、クエン酸、ローズマリー抽出液、ミックストコフェロールは天然由来なので、入っていても大丈夫です。

避けたい原材料と添加物

ドッグフードの原材料で避けるべきものをまとめておきます。参考にしてください。おやつについても同様です。

・〇〇ミール、〇〇パウダー、ミートなど

「ミートミール」「チキンミール」「ビーフパウダー」など、「ミール」や「パウダー」がついていたら、それは肉類ではあっても、本来食用ではない部分が含まれている可能性が高いものです。

クチバシ、トサカ、内臓、骨、血なども含まれるでしょう。病死した家畜の肉も含まれ、

それらの家畜には抗生物質などが投与されていたと考えられます。「○○副産物」も同様です。

さらに、「肉類」と単独で表示されていて、具体的に何の肉かが明記されていない場合も避けたほうがいいでしょう。

「鶏肉」「牛肉」「鹿肉」「鮭肉」など、明確な表示がされているものを選んでください。

・ＢＨＴ、ＢＨＡ

酸化防止剤です。ＢＨＴ＝ジブチルヒドロキシトルエン、ＢＨＡ＝ブチルヒドロキシアニソール。いずれも発がん性があります。

・エトキシキン

酸化防止剤です。毒性が強く、日本では認められていませんが、輸入フードに入っていることがあります。

・赤色○○号、青色○○号

合成着色料です。発がん性があるほか、アレルギーや甲状腺異常などを引き起こす危険性があります。

・亜硝酸ナトリウム

色あざやかに見せるための発色剤で、発がん性があります。

・キシリトール

人工甘味料です。低血糖（症状としては嘔吐、下痢、発作、昏睡など）や、肝障害を引き起こす危険性があります。**キシリトールは、ネギやチョコレートと同様、犬には絶対に食べさせてはいけないもの**の1つです。人間のガムの誤食にも注意してください。

・プロピレングリコール

しっとり感を保つための保湿剤で「ソフトドライ」「セミモイスト」「ウェット」などのフードに使われています。発がん性があり、アレルギーや腸閉塞を引き起こす危険性があります。

避けたい原材料と添加物

原材料名		解説
〇〇ミール 〇〇パウダー ミート 〇〇副産物 肉類		肉類ではあっても、本来食用ではない部分が含まれている可能性が高い
添加物名	BHT BHA	酸化防止剤。発がん性がある
	エトキシキン	酸化防止剤。毒性が強い。輸入フードに入っていることがある
	赤色〇〇号 青色〇〇号	合成着色料。発がん性、アレルギーや甲状腺異常などの危険性がある
	亜硝酸ナトリウム	合成発色剤。発がん性がある
	キシリトール	人工甘味料。犬には絶対に食べさせてはいけない。低血糖、肝障害の危険性がある
	プロピレングリコール	保湿剤。発がん性、腸閉塞などの危険性がある。ウェットタイプなどのフードに使われている

成分表示でタンパク質の割合をチェック

パッケージの「成分表示」には「粗タンパク質、粗脂肪、粗繊維、粗灰分、水分」などの重量比がパーセントで記してあります。

タンパク質は体をつくる大切な栄養素なので、高齢になっても必要量をしっかりとることが必要です。

それでも、腎臓（じんぞう）の働きが年齢とともに下がってくるのは避けようのないことなので、10歳以降はタンパク質の割合を徐々に減らします。

タンパク質、炭水化物、脂質のバランスについては、のちほど手づくりごはんのところでも説明しますが、**健康な体を維持しながら、腎臓に負担をかけないタンパク質の割合の目安は次のとおりです**（138ページの下の表参照）。

・10歳未満＝40パーセント
・10〜14歳＝30パーセント
・15歳以上＝25パーセント程度

「成分表示」を見て、ワンちゃんの年齢に対してタンパク質の割合がちょうどいいものを選んであげましょう。

トッピングは肉や野菜を数種類とり交ぜて

ドッグフードにトッピングをしているという飼い主さんは多いでしょう。好物をトッピングすればワンちゃんも喜びますし、食欲も出て、食いつきもよくなります。

ただし、ここで気をつけていただきたいのは、**同じ食材を毎日つづけてトッピングしないことです。**

たとえば、ドッグフードにいつもささみをトッピングしていると、完全栄養食にタンパク質を足していることになるので、タンパク質過多になり、高齢期の腎臓に負担をかけてしまいます。

トッピングするなら、**肉や野菜などをとり交ぜて数種類をトッピング**しましょう。

家族が食べるサラダ用の野菜をきざんで混ぜるだけでも、栄養のバランスはぐっとよくなります。

手づくりごはんのポイント

年齢や体調に細かく合わせられる

手づくりごはんにはいいところがたくさんあります。

なによりも、自然の食材の恵みをダイレクトにとり込めるのが魅力です。とくに新鮮な食材や旬の食材が体にいいのは、人間でもワンちゃんでも同じです。

ほかには、**自分で材料を選べるので安心、年齢や体調に細かく合わせられる、水分がたっぷりとれる**なども手づくりごはんのメリットでしょう。

手づくりは「カロリー計算がむずかしい」「ドッグフードより栄養のバランスが悪いのでは？」と心配する飼い主さんも多いのですが、基本をおさえれば、それほど大変ではありません。

人間の食事でもそのつど計算しているわけではないですよね。だいたいのところで大丈夫です。

「これだけ知っておけばＯＫ」の手づくりごはんの基本をお話ししていきましょう。

ただし、アレルギーがある場合は、かかりつけ医に相談してください。

必要なカロリーはどれくらい？

カロリー計算などはだいたいで大丈夫とはいっても、おおよその目安くらいはあったほうがいいので、ワンちゃんに必要なカロリーを確認しておきましょう。

高齢のワンちゃん用に「体重別１日あたりの必要カロリー量」を、次ページの表にまとめました。

・体型（太りぎみか、やせぎみか）
・便の状態（消化不良なら少なめに）
・活動量（たくさん歩くかどうか）

など、ワンちゃんの様子や変化に合わせながら調整してください。

なお、このカロリー量は１日摂取量の目安なので、おやつを含めた値（あたい）となります。

必要カロリー量と栄養バランス

高齢犬、体重別１日あたりの必要カロリー量

体重（kg）	1	2	3	4	5	6	7	8	9
必要カロリー量(kcal)	77〜98	129〜165	176〜223	218〜277	251〜328	295〜376	331〜422	366〜466	400〜509
体重（kg）	10	15	20	25	30	40	50		
必要カロリー量(kcal)	433〜551	587〜747	728〜927	861〜1096	987〜1256	1225〜1559	1448〜1843		

※必要カロリー量の計算方法

体重の 0.75 乗× 70 ×高齢犬の係数（1.1 〜 1.4）

体重の 0.75 乗は、電卓で「体重を３回かけて√を２回押す」で出る。

体重３キロのあまり歩かないワンちゃんの場合は、

3×3×3 ＝ 27　←ここで「√」（ルートボタン）を２回押す

⇒ 2.279507×70

⇒ 159.56549×1.1

＝ 175.52203 で、176kcal となる。

タンパク質、炭水化物、脂質のバランス

	タンパク質	炭水化物	脂質
10 歳未満	40%	30 〜 40%	30 〜 20%
10 〜 14 歳	30%	40 〜 50%	30 〜 20%
15 歳以上	25%	45 〜 55%	30 〜 20%

年齢に合わせて栄養素の割合を変える

１日に必要なエネルギー量をタンパク質、炭水化物、脂質の三大栄養素で分配して、それぞれどれくらい必要かを見てみましょう。

大切なことは、**年齢に応じて、その割合を変えること**です。

高齢になると腎臓の働きが弱ってくるので、タンパク質の割合を下げ、炭水化物でエネルギー量を補うようにしましょう。

右ページの下の表を参考にしてください。

たとえば、体重５キロで12歳の小型犬であれば、１日に必要なエネルギー量は３２８キロカロリー。そのうちの30パーセント＝98キロカロリーをタンパク質、40〜50パーセント＝１３１〜１６４キロカロリーを炭水化物、30〜20パーセント＝98〜66キロカロリーを脂質からとればいいことになります。

タンパク質には豚肉がおすすめ

では、三大栄養素であるタンパク質、炭水化物、脂質に何を使うかを決めましょう。

高齢のワンちゃんのタンパク質としては、私は豚肉をおすすめしています。

豚肉は体のエネルギーを高め、健康長生きによい食材です。

沖縄に元気で長生きしている方が多いのは、豚肉をたくさん食べていることも理由のひとつといわれています。

豚肉の部位としては、高齢になったら**脂身（あぶらみ）の少ない赤身がいい**でしょう。

タンパク質として、ほかには、鶏胸肉、白身魚、豚レバー、鶏レバー、卵などもいいですね。

炭水化物は白米に雑穀米を混ぜて

次は炭水化物として何を使うかを考えます。いちばん使いやすいのは、白米でしょう。

白米に雑穀米を混ぜれば、さらに栄養が豊富になります。ごはんに混ぜて炊けるスティック状のものが手軽で使いやすいですね。

雑穀米には、強力なアンチエイジング食材である黒米、黒豆、黒ごまなどが入っており、一度にいろいろとれます。

炭水化物として、ほかには、**サツマイモ、ジャガイモ、カボチャ**などもいいでしょう。

小麦アレルギーがないなら、うどん、パスタなども使えます。できるだけ無塩のものを選んでください。

炭水化物が多すぎると体の中に余分な水分がたまり、水太り、ベタベタしたタイプの目ヤニ、外耳炎、まぶたのむくみ、消化不良による下痢、肥満などを引き起こします。

糖尿病があるワンちゃんは、炭水化物のとりすぎには注意してください。また、白米よりは玄米、パスタなど、**血糖値が急激に上昇しないもの**を選びましょう。

脂質には良質なシソ油や亜麻仁油を

最後に脂質です。体内ではつくることができない脂質である「必須脂肪酸」を食べ物からとるのが大切、という認識は、人間についてはかなり浸透してきたように思われます。テレビや雑誌で見かけたことのある方も多いのではないでしょうか。

ワンちゃんにも同じことがいえます。

必須脂肪酸のなかでも、**不足しがちな「オメガ3系脂肪酸」は意識してとる必要があります。**

オメガ3系としては、シソ油（えごま油）と亜麻仁油が代表的で、認知症を予防する、心臓病を予防する、炎症を抑える、がんを予防する、アレルギーを改善するなど、さまざまな効果があります。

オメガ3系は酸化が早いので、開封したら冷蔵庫に保存し、1ヵ月以内に使い切りましょう。

加熱には向きません。食べる直前にかけるようにします。

ワンちゃんだけでは消費しきれないかもしれませんから、飼い主さんもサラダにかけるなど、いっしょに使ってご自身の健康増進にも役立ててください。

野菜は色で選べば栄養バランスもＯＫ

タンパク質、炭水化物、脂質をしっかり確保したら、あとは野菜類でさまざまな栄養をとり込みましょう。

野菜や果物、きのこ、海藻などの植物性食品には「ファイトケミカル」と呼ばれる栄養素がたっぷり含まれており、健康を維持したり、改善したりするのに大きな力を果たしてくれます。

野菜のカロリーは1日の必要カロリーに含めなくてもかまいません。ごはん大好き、たくさん食べたいワンちゃんにはカサ増しにもなります。

ドッグフードのトッピングとしても、ゆで野菜はぴったりです。野菜のゆでた匂いが好きなワンちゃんは多いですよ。

ただし、**イモ類とカボチャは炭水化物として考え、カロリー計算もしましょう。**多すぎると炭水化物過多になって太ってしまうので、気をつけてください。

野菜は「赤、黄、緑、白、黒」の5色で考えて、なるべくいろいろな色合いのものをと

赤・黄・緑・白・黒の食材例

赤	人参、トマト、パプリカ、スイカ
黄	ターメリック（ウコン）、カボチャ
緑	ブロッコリー、小松菜、スプラウト、モロヘイヤ、ピーマン
白	大根、カブ、キャベツ、白菜、レンコン
黒	黒豆、黒ごま、黒きくらげ、舞茸、干し椎茸、ひじき、昆布

るようにすれば、自然に栄養のバランスもとれます。

人間の食事を用意するとき、ワンちゃんにもＯＫな食材を味付け前にとり分けておくと、毎日いろいろなものを食べさせてあげられますね。

また、**大根やリンゴなど、生で食べられるものはぜひ生で**あげてください。消化を助ける酵素が含まれているので、消化吸収力が落ちてきた高齢のワンちゃんには頼もしい味方になってくれます。

薬効を活かせる旬の食材リスト

第4章では、季節の影響を乗り切るための食材を紹介しましたが、ここでは季節の恵みを生かす旬（しゅん）の食材を挙げておきます。

「医食同源」という言葉が示すように、東洋医学では「食べるものは薬と同じ」で、食材にはそれぞれ薬のような効能、「薬効」があると考えられています。

旬の食材は薬効がとくに豊富です。

飼い主さんや家族の食事にもとり入れやすくて、薬効がたっぷりの「旬の食材リスト」を次ページに挙げました。いっしょに食べて、いっしょに元気になってください。

自然の恵み！　薬効を活かせる旬の食材リスト

春

※カロリーは可食部100ｇあたり

食材	kcal	薬効ひとことアドバイス
カツオ	114	体力も気力もアップ＋血をつくるので貧血にも
菜の花	33	デトックス効果で老廃物を排出＋血のめぐりをよくする
さやえんどう	36	疲労回復＋利尿作用で余分な水分を排出
キャベツ	23	胃腸を丈夫にする＋がん予防
セロリ	15	血行促進＋利尿作用で余分な水分を排出＋神経をやわらげる
ゴボウ	65	豊富な食物繊維で便秘を解消
シソ	37	胃腸の働きをサポート＋風邪、食欲がないときも

夏

食材	kcal	薬効ひとことアドバイス
マイワシ	169	体力と気力をアップ＋筋骨強化＋脳を活性化して老化予防
カボチャ	91	気力をアップして疲労回復＋胃腸を丈夫にする＋がん予防
ピーマン	22	夏バテ解消＋血のめぐりをよくする＋イライラを抑える
ゴーヤ	17	夏バテ解消＋血のめぐりをよくする＋目の症状にも
オクラ	30	整腸作用で便秘を解消＋疲労回復
冬瓜	16	利尿作用でむくみを改善、膀胱や腎臓のトラブルにも
モロヘイヤ	38	血液サラサラ効果＋がん予防

秋

食材	kcal	薬効ひとことアドバイス
鮭（紅鮭）	138	おなかをあたためて冷えを改善＋胃弱、体力低下にも
サツマイモ	134	胃腸を丈夫にする＋やる気が出る＋脳を活性化して老化予防
里芋	58	デトックス効果で老廃物を排出＋胃腸の働きをサポート
舞茸	15	免疫力をアップ＋肥満予防
栗	164	血のめぐりをよくする＋筋骨強化＋脳を活性化して老化予防
柿	60	体をうるおす＋せきを止める
梨	43	体をうるおす＋せきを止める

冬

食材	kcal	薬効ひとことアドバイス
タラ	77	体力回復＋疲労回復＋低脂肪なので肥満予防にも
ブリ	257	体力も気力もアップ＋血をつくるので貧血にも
カブ	20	おなかをあたためて冷えを改善＋内臓の働きを全体的によくする
山芋（大和芋）	123	滋養強壮＋胃腸を丈夫にして消化を促進
小松菜	14	骨を丈夫にする＋胃の働きをととのえる＋便秘解消、がん予防
ブロッコリー	33	体力増強＋胃弱、腎機能低下、がん予防にも
リンゴ	61	体をうるおす＋疲労回復＋下痢、消化不良にも

通年

食材	kcal	薬効ひとことアドバイス	
豚肉（もも）	183	気力と体力をアップ＋滋養強壮＋老化防止	タンパク質
豚レバー	128	血をつくる＋視力低下、ドライアイなどの目の症状にも	タンパク質
鶏肉（胸／皮なし）	121	気力をアップ＋おなかをあたため、消化吸収を助ける	タンパク質
鶏レバー	111	血をつくる＋視力低下、夜盲症などの目の症状＋夜尿症にも	タンパク質
鶏卵（全卵）	151	血をつくる＋体のうるおい不足を解消＋精神安定作用	タンパク質
マグロ（キハダ）	112	気力と体力をアップ＋血をつくり、サラサラに＋老化防止	タンパク質
白米（炊き上がり）	168	胃腸の働きをよくして、おなかをあたためる＋嘔吐や下痢のときにも	炭水化物
玄米（炊き上がり）	165	コレステロールを下げる＋老化防止＋がん予防	炭水化物
うどん（ゆで）	105	おなかの調子をととのえる＋精神安定作用	炭水化物
ジャガイモ	76	胃腸の働きをよくして、おなかをあたためる＋高血圧にも	炭水化物
ハチミツ	303	疲労回復＋体のうるおい不足を解消＋せきを止める	
黒ごま（乾燥）	586	気力と体力をアップ＋血をつくる＋あらゆる老化の症状に	
ヨーグルト（無脂肪無糖）	42	体のうるおい不足を解消＋便秘を解消＋免疫力向上	
クコの実（乾燥）	372	老化防止＋滋養強壮＋血のめぐりをよくして冷えを改善	
亜麻仁油 ※小さじ1	37 ※4g	アレルギー緩和＋認知症予防＋滋養強壮	

おすすめ健康長生きサプリ

人間が食べても大丈夫な原料のもの

いまはワンちゃんのサプリも、いいものがたくさん出ています。

高齢になってきても、できれば薬に頼らず、体に負担のないサプリメントで健康を維持したり、心配な症状を改善したいものですね。

でも、ドッグフードと同じで、たくさんありすぎて、何を選べばいいのかわからないという飼い主さんも多いのではないでしょうか。

そういうときは、「何のためのサプリか」という症状に合わせて原材料で判断しましょう。

私は、次のような原料を用いたサプリメントをおすすめしています。

・霊芝（れいし）＝心臓疾患（しっかん）、がん、アレルギー

・緑イ貝（みどりがい）＝関節サポート、リウマチ
・マコモ＝消化器疾患、皮膚疾患、アレルギー
・乳酸菌＝腸内環境をととのえる（日常的に使える）
・ミドリムシ（ユーグレナ）＝フルサポート（日常的に使える）

さまざまなメーカーが同じ原料で製品をつくっていますが、そのなかからどれを選ぶかにあたっては、メーカーのホームページなどを見てみましょう。

人間が食べても大丈夫な原料だけでつくっていると書いてあれば信頼できます。

愛犬薬膳にチャレンジ！

ここからは、高齢のワンちゃんのために考えたオリジナルメニューを紹介します。

少なくなりがちな血（けつ）をつくって、体全体にめぐらせ、それと同時に気をアップすること

に重点を置いたメニューです。1日分の分量は、体重6キロで高齢のワンちゃんを想定しています。

ワンちゃんの味覚（舌触りなどの食感）は人間ほど敏感ではないので、つくり方は大ざっぱでも大丈夫です。レバーなどは血抜きの下処理をしなくても気にしませんよ。

薬効たっぷり！　基本のごはん「おじや」

手作りごはんの大きなメリットのひとつは、水分がしっかりとれることです。なかでも**おじやはスープに食物の栄養や薬効がまるごと溶け込んでいる**ので、基本のごはんとしておすすめします。**体に吸収されやすいので、おなかが弱いワンちゃんにもぴったり。**バリエーションがつけやすいのも魅力です。

材料（体重6キロの高齢犬の1日分）

・炊いたご飯（白米）　100グラム（又は炊いたご飯50グラム＋カボチャ100グラム）
・豚肉　50グラム

・小松菜、人参、大根などの野菜、ターメリック（スパイス）ひとふり
・「基本のスープ」（昆布、干し椎茸、クコの実、ナツメでだしをとる）
・亜麻仁油　小さじ１

つくり方

・ご飯、豚肉、野菜をスープで煮るだけ。食べる直前に亜麻仁油をかける。ご飯は半分をカボチャに代えてもいい。
・基本のスープには、昆布、干し椎茸、クコの実、ナツメを使うのがおすすめ。最初から全部そろえるのは大変なので、どれか１つからでもＯＫ。だしだけとって、最後にとり出すか、刻んで最後にご飯に混ぜてもいい。
・野菜はなんでもＯＫ。いろいろな色の季節の野菜を入れてみましょう。

食材の薬効

・カボチャ＝胃腸を強くする、疲労回復。
・豚肉＝エネルギーアップ、疲労回復。

・ターメリック（スパイスコーナーにあるパウダーでＯＫ）＝血のめぐりをよくする。
・昆布＝体内の余分な水分を排出する、むくみをとる。
・干し椎茸＝気力をアップ、胃腸の働きをよくする。
・クコの実（中華食材として売っているものでＯＫ）＝古代中国では「不老長寿の薬」。
・ナツメ＝滋養強壮、疲労回復。

バリエーション

・ご飯を雑穀米にするとさらに栄養価がアップ。
・豚肉と野菜を炒めてご飯にのせ、スープを上からたっぷりかければ、スープかけご飯に。
・豚肉をひき肉にして、ハンバーグ風に丸めて焼いたものをのせると、ひき肉独特の香ばしさでワンちゃんが大喜び！

体があたたまる「鶏鍋」

体が冷えやすい高齢のワンちゃんには、ぜひお鍋を食べさせてあげてください。具材でバリエーションもつけやすいと思います。ここでは、基本の「鶏鍋」を紹介します。おなかにとてもやさしいメニューです。

材料（体重６キロの高齢犬の１日分）

・鶏胸肉　80グラム
・白菜、人参、すりおろしたショウガ（少々）、大根おろし
・里芋　中くらいの大きさ3～4個くらい
・うどん（無塩）　30グラム
・「基本のスープ」（昆布、干し椎茸、クコの実、ナツメでだしをとる）
・亜麻仁油　小さじ1

つくり方

・大根おろし以外の材料を基本のスープで煮て、最後に大根おろしと亜麻仁油を加える。
・大根など、生で食べられる野菜はそのまま食べるのがおすすめ。消化酵素（こうそ）が含まれているので、消化力の落ちてきた高齢のワンちゃんには頼もしい味方になってくれます。

食材の薬効

・鶏肉＝おなかをあたため、消化吸収を助ける。
・白菜、大根、人参、里芋＝消化吸収を助ける。
・人参＝ドライアイや疲れ目、夜盲症など目のトラブルにも効果的。
・里芋＝デトックス効果もあり。
・ショウガ＝体をあたためる（入れすぎると嫌がるかもしれないので少しずつ試す）。

バリエーション

・鶏肉を豚肉やタラ、鮭、ブリ、マグロ、カツオなどの魚にすると、気と血を補う効果がアップ。ぜひ旬の魚でもおいしいお鍋を食べさせてあげましょう。

血をつくり、めぐらせる「レバーチャーハン」

炒めものの風味が食欲をそそる「チャーハン」も人気メニューのひとつです。炒めものにするときは、不飽和脂肪酸が含まれているオリーブオイルなどにしましょう。オリーブオイルを調理に使うときはそれで脂質がとれるので、亜麻仁油は加えません。
ここでは、血をつくり、めぐらせるのに効果がある「レバーチャーハン」を紹介します。

材料（体重6キロの高齢犬の1日分）

・炊いたご飯　１００グラム
・豚レバー　50グラム
・卵　１／４個
・人参、舞茸、青梗菜などの野菜
・もどしたひじき
・黒すりごま、カツオブシ
・炒め用オイル（オリーブオイル）

つくり方

・豚レバー、卵、野菜、もどしたひじきを炒めてから、ごはんを入れてさらに炒める。

・黒すりごまとカツオブシは最後にふりかけて、混ぜ合わせる。

食材の薬効

・豚レバー＝血をつくる、目にもよい。
・卵＝体内の血と水分を補う。
・舞茸＝すべての臓器の働きをよくして、免疫力を高める、抗がん作用も。
・青梗菜＝気と血を補う、精神安定。
・ひじき＝血を補い、めぐりをよくして、血栓（けっせん）を予防する。
・黒ごま＝血を補う、老化防止、高齢のワンちゃんの頼もしい味方。

バリエーション

・豚レバーが手に入りにくければ、鶏レバーでも代用できます。
・チャーハンはワンちゃんに人気のメニュー。マグロチャーハンや鮭チャーハンもぜひ。

家族みんなで「お好み焼き」

家族みんなでお休みの日にお好み焼きはいかがでしょうか。いっしょに焼いて、いっしょに食べられるのはワンちゃんにとってもうれしいですね。楽しい時間、おいしいごはんはいちばんの元気の素。このメニューなら、マヨネーズとソース、紅ショウガをかける前までは、飼い主さんと同じレシピでつくれます。

こういうときはあまり分量のことを細かく考えたくないものですが、いちおう目安として入れておきます。食べすぎには注意してあげてくださいね。

材料（体重6キロの高齢犬の1日分）

- 小麦粉　50グラム
- 豚コマ　30グラム
- キャベツ、長芋、卵、干しエビ、シラス、ゴボウ（みじん切り）、黒ごま
- カツオブシ

・炒め用オイル（オリーブオイル）

つくり方

・各家庭のお好み焼きのつくり方で。
・干しエビについては、「甲殻類はダメなのでは？」と思っている方が多いかもしれません。生エビは食べさせてはいけませんが、小さい干しエビは大丈夫です。
・干しエビ、シラス、カツオブシなどが入りますが、この程度なら塩分は気にしなくてOKです。

食材の薬効

・キャベツ＝胃腸の働きを助ける、抗がん作用も。
・長芋＝精力がつく、古くから滋養強壮の漢方薬の原材料。
・干しエビ、シラス＝骨を強くする。
・ゴボウ＝食物繊維が豊富、便通をよくする。

手づくりおやつでヘルシーに

おやつで脳や胃をサポート

「おやつは太るのでは？」と思う方がいるかもしれませんが、食べすぎなければいいでしょう。人間と同じで、高齢になってくると、食べることが若いとき以上に楽しみなものです。

寝ていることが多くなったワンちゃんであれば、**おやつの時間で生活に変化をつけることで、ぼんやりしがちな脳の刺激にも**なります。

また、一度に食べられる量が減ってきていれば、おやつで栄養のバランスをとることもできますし、胃の負担も減らせます。

チーズなどカロリーの高いものは、あげすぎに注意してください。果物、野菜スティックなどは手軽ですし、生で食べると消化酵素もとれるのでおすすめです。

手づくりも楽しいですよ。ここでは、簡単につくれて、噛む力や飲み込む力が弱くなったワンちゃんでも大丈夫で、しかも家族も喜ぶおいしいおやつを5つ紹介します。時間のあるときにぜひトライしてください。

超簡単！ フレッシュ&ヘルシーな「カッテージチーズ」

びっくりするほど簡単にできるカッテージチーズ。牛乳が大丈夫なら、試してみてください。市販のチーズおやつより安心でヘルシー、それに家族みんなで食べられるのもいいところ。市販のカッテージチーズより、じつは家計にもやさしいのです。

材料（つくりやすい分量）

- 牛乳　500cc
- 酢　大さじ2

つくり方

・牛乳を小鍋に入れて、中火で沸騰しない程度にあたためる。
・酢を入れて、さっとかき混ぜ、分離するのを待つ。
・ガーゼでしぼるかザルで漉す。

薬効&アレンジアイデア

・ハチミツ、刻んだクルミと栗をのせてもいいでしょう。
・ハチミツとクルミは肺をうるおし、体をあたためる食材なので、秋の乾燥の季節やせきが出ているときにはぜひ。
・クルミと栗には脳の働きを活発にする効果もあるので、認知症予防にも。

オーブンいらずの「黒ごまソフトクッキー」

老化の速度をゆるやかにする食材としておすすめの黒ごま。ここでは、オーブンがなくても、トースターかフライパンでつくれるソフトクッキーを紹介します。しっとりタイプのクッキーなので、噛む力が弱くなったワンちゃんでも大丈夫。

材料（直径4センチのクッキー12個分）

- 卵　1個
- 黒すりごま　大さじ1
- オリーブオイル　小さじ半分
- ハチミツ　小さじ1
- 小麦粉　大さじ5
- （あれば）ヨーグルト　小さじ1

つくり方

- 小麦粉以外の材料を混ぜ合わせる。
- 小麦粉を加えて混ぜ合わせ、たねをつくる。
- スプーンですくってフライパンなどに落とす。
- トースターなら700Wで8～10分焼く。こげそうなら途中、アルミホイルでおおう。

薬効&アレンジアイデア

・小麦粉は全粒粉に替えてもＯＫ。
・すりおろした人参、すりつぶしたサツマイモ、サプリメントとしても使えるマコモなどを加えると違ったおいしさが楽しめます。

家族のダイエットにも「黒豆ヨーグルト」

黒豆は高齢のワンちゃんにとって、アンチエイジング効果がありほんとうにおすすめの食材なのですが、「煮るのが大変」というイメージがあるようです。でも、「お正月用ではないのだから、つやつやでなくても、シワが入ってもＯＫ」と思えば気楽。ほぼ鍋まかせ、別の用事をしながらできるので、一度にたくさん煮て、冷凍しておきましょう。黒豆ヨーグルトは家族のダイエットおやつとしてもぴったり。

材料

・黒豆

・無糖ヨーグルト

つくり方

・黒豆をざっと洗って水を切る。
・鍋に入れて、ちょうどかぶるくらいの熱湯を入れる。
・ふたをして1時間以上置いておく。
・豆がかぶるくらいまで熱湯を足し、弱火から中火で約1時間煮る。途中、豆が見えてきたら、お湯を足す。ここまででゆで黒豆は完成。
・ヨーグルトにお好みの量を混ぜる。

薬効&アレンジアイデア

・煮汁も栄養たっぷりなのでしっかり使います。牛乳、豆乳、ヤギミルクと混ぜると、良質なタンパク質がたくさんとれて、水分補給にもなります。
・たくさん煮た黒豆を冷凍するときは、フリーザーパックに入れて平たくしておくと、そのつど、パラパラと必要な分だけ使えて便利。

夏のさっぱりおやつ「小豆ゼリー」

つるんとしたのどごしのよいゼリーは、家族にもワンちゃんにも人気のおやつ。小豆も鍋まかせで、別の用事をしながらたくさん煮て、冷凍しておけば便利です。煮る前に水に浸しておく必要もありません。

固めるのはぜひ寒天を使ってください。寒天には熱を冷ます効能がありますが、ゼラチンにはそうした作用はありません（寒天の使い方は商品の指示どおりに）。

材料

・小豆
・ハチミツ
・小さく切った長芋
・寒天

つくり方

・小豆はざっと洗って水を切る。
・鍋にたっぷりの水と小豆を入れて火にかけ、沸騰(ふっとう)したら弱火にして約1時間煮る。途中、小豆が見えてくるくらいに水が少なくなってきたら足す。ここまでで ゆで小豆は完成。
・小豆、煮汁、ハチミツ、長芋、水をひと煮立ちさせ、寒天で冷やし固める。

薬効&アレンジアイデア

・小豆は利尿効果が高く、余分な水分を排出してくれます。むくみの改善にも最適。梅雨どきや夏の重だるさにも効きます。
・寒天には体の上部の熱を冷ます作用や、便通の改善などの効果が期待できます。

散歩の携帯おやつに「スイートポテト」

甘いサツマイモはみんな大好き! これもトースターかフライパンで簡単につくれます。ゆっくり散歩ができる日は、外でいっしょにおやつの時間にしても楽しいですね。

材料

・サツマイモ
・卵黄
・ハチミツ
・黒すりごま

つくり方

・サツマイモをゆでるか、蒸すかして、つぶす。
・その他の材料を加え混ぜて、一口大に丸め、少し平たくして、トースターかフライパンで焼く。

薬効&アレンジアイデア

・サツマイモは胃腸の働きをよくして、便秘やむくみを解消します。体力回復、疲労回復にも効果的。

・卵は貧血の改善、体力回復に効果があります。精神安定作用もあるので、眠れない、不安感などの解消にも役立つ食材。なんとなく落ち着かない様子のとき、ゆで卵や卵焼きをあげてみてください。

第6章

高齢になっても幸せに暮らせる

獣医中医師の鍼灸治療とはどんなもの？

ここまで、おうちでできる東洋医学的ケアのお話をしてきました。では、ワンちゃんに本格的な鍼灸治療をしたら、どれくらい効果があるのでしょうか。ここからは獣医中医師がどのような治療をするのかを、私の場合でお話ししましょう。

診察にあたっては、まず飼い主さんのお話を聞いて、ワンちゃんの様子をよく観察します。見た目だけでなく、心臓や呼吸など体から出ている音や耳や口のにおいも確認します。

体にふれて、張っているところ、痛みのあるところ、冷えているところを見つけます。

ここまでで、どこが悪いのか、体の中で何が起こっているかの診断をつけます。

それから、体質や症状に合わせて、必要なツボを見極め、鍼とお灸のそれぞれをどこに、どのような順番でおこなっていくかを決めます。

鍼治療にはさまざまなやり方がありますが、私のやり方は、細い鍼を数本だけ使う、刺激の少ない方法です。

鍼の数は少なくても、**体で起こっているさまざまな症状はつながっているので、それらに総合的に効くツボを見極め、そこに鍼を刺して最大の効果を上げるようにします。**

イメージとしては、川のあちこちのよどみの原因となっていた石を、１本の鍼でひょいととり除く感じです。石がなくなれば、体内の流れは自然とよくなり、栄養やエネルギーが体じゅうに行き渡ります。

鍼は髪の毛程度で、注射針よりずっと細いので、痛くはないのですが、緊張しやすいワンちゃんや怖がりのワンちゃんには、様子を見て、慣れてもらうように工夫します。

また、使い捨ての鍼を用いますので、衛生面の心配もありません。

おうちでできるお灸としては棒灸をおすすめしましたが、私の治療では体に台座シールを貼ってもぐさを乗せ、点火するタイプのお灸をします。

「熱そう」と心配する飼い主さんもいますが、それほど熱くはありません。やけどをしたり、毛がこげたり、跡が残ったりすることもほとんどないので、ご安心ください。

鍼灸治療にかかる時間は、だいたい20分くらいです。

オーダーメイド治療だから根本から元気になる

どの程度の頻度(ひんど)で受ければいいかについては、高齢のワンちゃんで体調の維持が目的であれば、月に1~2回が目安になると思います。

ただし、その時間や頻度はそれぞれのワンちゃんで異なります。**獣医中医師はそれぞれのワンちゃんの体質や症状に合わせてオーダーメイドの治療をおこなう**からです。

たとえば、せきが出るという症状ひとつをとっても、どこに原因があるかはそれぞれのワンちゃんによって違うのです。

西洋医学では、せきが出ていればせきを止める治療をおこないます。そこでせきは止まっても、その症状にいたった根本的な原因、体の中の弱いところは残っています。

でも、鍼灸治療をおこなうと、せきという症状を引き起こしている根本的な原因にアプローチするので、その原因から起こっているほかの症状、あるいは今後起こりうるほかの病気を先回りして抑えることもできます。

ワンちゃんの体質も、十人十色ならぬ「十犬十色」ですが、**鍼灸治療はそれぞれのワン**

ちゃんの体を根本から元気にするのです。

なお、鍼灸治療は日本では民間療法的に広がったので、いまでもそのように思われていますが、世界的に見ると、西洋医学で対応できない現代病に有効な医療として、ＷＨＯ（世界保健機関）にも認められています。

ワンちゃんにとって漢方薬は苦くない？

獣医中医師は必要に応じて漢方薬も処方します。

「漢方薬は苦いのでは？」という疑問をお持ちの方もいると思いますが、**案外平気で飲んでくれるワンちゃんが多い**のです。

西洋医学の薬がまったくダメだったのに、漢方なら飲んだというワンちゃんもいます。

私の診療経験から、**ワンちゃんは自分に必要なものはわかっている**のだなと思います。

すでにかかりつけの病院でもらっている薬がある場合、いっしょに飲んでも問題ないかを心配される方もいますが、大丈夫なものを選びますので、ご相談ください。

獣医中医師は、西洋医学を学び、獣医師資格を取得して獣医師になってから、鍼灸などの東洋医学を学び、診療にとり入れています。

西洋医学の知識も経験も持ち合わせていますので、安心してお話しください。

飼い主がびっくりする鍼灸治療の効果

獣医中医師がどのような治療をするのか、だいたいおわかりいただけたでしょうか。

鍼灸については、病気が進んでから目を向ける方が多いのですが、**鍼灸によって、病気になる前に、病気にならない体をつくるという予防医学的効果もあるので、できれば早くからはじめることがおすすめ**です。早くからはじめれば、頻度も少なくて大丈夫です。

おおよその目安としては、「そろそろサプリでも飲ませたほうがいいかな」と思う時期、つまり、血液検査でとくに悪いところはないけれど、愛犬の健康長寿のためにプラスアルファのなにかを、と思いはじめたころがいいのではないかと思います。

年齢的には、第1章でお話ししたとおり、高齢期にかかる10歳くらい、あるいはプレ高齢期の8歳くらいからはじめれば、その後の病気を防ぐことができます。

これくらいの年齢で、「ちょっと元気がない」くらいのときに鍼灸治療をすれば、1回の治療でも劇的な効果が出ることが多いものです。

全体的にどんよりした印象だったワンちゃんでも、鍼灸をすると、**目ぢからが戻り、体もキュッと締まり、毛にツヤが出て、見た目の色まで変わる**ことがあります。その変化にいちばん驚かれるのは飼い主さんです。

もちろん、病気になってからでも、鍼灸治療は有効です。ヘルニアを患った後、歩けなくなって、かかりつけの動物病院で「トシだから仕方ない」と言われたワンちゃんが、鍼灸治療で歩けるようになることもあります。

なお、**鍼灸治療は多くの保険会社で保険対象になっています**（ご加入の保険会社に確認してください）から、気軽にその効果を体験していただければと思います。

東洋医学で元気になったワンちゃんたち

鍼灸治療は、関節の痛み、老化予防からがんまでどんな症状にも効きます。ここからは、鍼灸治療でがんばっているワンちゃんたちを紹介しましょう。

▼弱っていた足腰がしっかりしたラブラドールのショウちゃん（15歳）

後ろ足が弱くなってくるのは、高齢になってきたワンちゃんによくある悩みです。後ろ足の筋力が落ち、腰を支えられなくなってしまうのです。

ショウちゃんは15歳のラブラドールレトリバーの男の子。年齢とともに後ろ足が弱くなり、ナックリング（足の裏ではなく、足の甲を地面につけて歩くこと）もするようになっていました。いつまでも動ける体を維持してあげたいとの飼い主さんのご要望で、鍼灸治療を開始しました。

治療を開始したときは**背中が丸くなって、後ろ足が前足に近づいていて、腰が落ちていました**（タイトルページ裏のカラー写真参照）。体に痛みもありました。

それでも、鍼灸治療をつづけるうちに、床につきそうだったかかとがしっかり上がって**背中も伸び、腰を高い位置でしっかり支えられるように**なりました。ふらつきもせず、しっかり歩くことができます。毛のツヤもとてもよくなりました。現在も週に1回、鍼灸治療をおこなって、その状態を1年以上維持しています。

ちなみにショウちゃんは鍼灸が大好き。気持ちがいいのか、うっとりとした顔で治療をさせてくれます。

▼ずっとつづいていた下痢が治った柴犬のマルちゃん（11歳）

おなかの調子が悪いのがずっとつづくと心配ですが、高齢になると慢性化してしまっているワンちゃんも少なくありません。

マルちゃんは11歳の柴犬の男の子。慢性胃腸炎で下痢がつづいていました。抗生物質を飲んでいましたが、なかなか効果が出ないため、「鍼灸で治るでしょうか」とのご相談がありました。

初回、「ちょっと触るよ」と言いながら**背中を触ってみると、どこを触っても、ビクッビクッと反応**しました。かなり背中に痛みもあったのです。抱っこをしても、**体全体がこわばっていました。**

それから1カ月間は週に1回、鍼灸治療をおこないました。すると**しだいに体が楽に動くようになり、顔つきも変わってきました。**痛みがなくなると、足どりも軽く、散歩ができるようになりました。

それと同時に、**下痢の回数も少なくなりました。**体が楽になって、血のめぐりがよくなり、気も上がってきたのが、胃腸にもよい働きをしたのでしょう。

つねに神経が高ぶっていたのが、鍼灸のリラックス効果で体の緊張がとれ、抱っこしても体の力が抜けるようになりました。

体が楽になったので表情ものんびりしてきました。

その後は3週間に1回の鍼灸治療で、よい状態を維持しています。

▼「別犬⁉」と驚かれるほど元気になったダックスフンドのナナちゃん（15歳）

高齢になって白髪（白い毛）が増えて、顔も白くなってきた……。歩き方も頼りなく、**頭も尻尾も下がりっぱなし**で、なかなか前に進まない……。それでも血液検査では異常なし……。

こういう状態は高齢のワンちゃんにとても多いものです。飼い主さんとしては、なにかしてあげられないかと思いますね。

15歳のダックスフンドの女の子、ナナちゃんはまさにそういう感じでした。

でも、**鍼灸をしてみると、1回で尻尾フリフリ、目がキラキラ。**帰ったら、ご家族が「別犬かと思った！」とびっくりされたとか。

白髪が増えたり、顔が白くなったりするのは、血が毛細血管の先まで届いていないため

に起こります。鍼灸で血の流れをよくすると、全身にふたたび力がみなぎるのです。そうなると、目もパッチリして、尻尾もピンと上に向きます。

ナナちゃんはそれ以来、月に1回程度、ちょっと調子が落ちてきたかなと感じられたら鍼灸治療を受けることにして、調子を維持しています。高齢になってからの体のメンテナンスに鍼灸治療は最適です。

▼夜鳴きが治療1回で止まったダックスフンドのメイちゃん（18歳）

ワンちゃんも高齢になると痴呆(ちほう)の症状が出ることがあります。

ダックスフンドの女の子のメイちゃんも18歳になって、そういった悩みが出てきていました。

飼い主さんのお話では、高齢で立つことがむずかしくなっているので、徘徊(はいかい)はしないけれど、**寝たまま足をばたつかせる「遊泳運動」を延々とつづけ、その間、大きな声で鳴きっぱなし。**

食欲がなく、下痢もひどい。動物病院で処方された睡眠導入剤を使ってみたけれど、2～3時間寝ただけ。逆にますます立てなくなったので、もう使いたくない、とのこと。

そこで鍼灸治療をおこない、漢方薬も処方しました。すると、**1回で飼い主さんが悩んでいた症状は起きなくなり、普通に寝るようになった**のです。

3日後には下痢も治って、なんと、すわってごはんを食べている写真を送っていただきました。

痴呆による徘徊、夜鳴きなどは、気がうまく全身を回っていなくて、頭ばかりに集まってしまうことから起きます。鍼灸と漢方薬で気血のめぐりをととのえれば、痴呆の症状はかなり改善されるものです。

メイちゃんはその後、定期的な鍼灸治療で調子を維持しています。

▼初期の心臓病の症状が改善したチワワのアンジュちゃん（8歳）

心臓の病気は高齢のワンちゃんに多い病気のひとつです。

アンジュちゃんは8歳のチワワの女の子。全体的に白髪が増えてきて、元気もなく、飼い主さんはトシをとったのかと心配していました。そんなとき、**初期の僧帽弁閉鎖不全症（そうぼうべんへいさふぜんしょう）**と診断され、鍼灸治療を開始しました。

僧帽弁閉鎖不全症というのは、心臓の僧帽弁という弁がうまく閉じなくなる病気。乾いたせきなどの症状があり、小型犬に非常に多く見られます。

最初に会ったアンジュちゃんはおどおどしていましたが、鍼灸をはじめてみると、途中から目がキラキラ。元気が出てきました。その後も血圧の薬はつづけています。

このように、病気が見つかっても、早くから鍼灸治療をはじめると、進行をゆるやかにし、体調をととのえることができます。

▼口の中のがんが劇的に改善したトイプードルのララちゃん（12歳）

人間と同じで、高齢化が進むにつれて、**ワンちゃんでもがんが増えています。**

ララちゃんは12歳のトイプードルの女の子。かかりつけの動物病院で歯石（しせき）除去の手術を受けたとき、口の中に腫瘍（しゅよう）が見つかり、切除しました。

ところがしばらくしてから再発。そこで**抗がん剤を使ったのですが、逆に腫瘍が大きくなってしまった**のです。

そこで週１回、鍼灸治療を開始。漢方薬も処方しました。

すると、４回目で腫瘍がかなり縮小し、**口の端からはみ出るほど大きかったのが、小指の先ほどになった**のです。

下あごのはれも引いて、閉じることができなかった口も、閉じるようになりました。膿（うみ）による口臭もなくなりました。

しだいに元気も出てきて、いまでは軽い足どりで歩けるほどになっています。その後も鍼灸治療は継続しています。

▼病気があってもおだやかに過ごせたシーズーのマユちゃん（13歳）

シーズーのマユちゃんは13歳のときには、**アレルギー、心臓の病気、目の病気などたくさんの病気を抱えていました。**

たびたび心不全（しんふぜん）を起こし、そのつど、酸素吸入が必要でした。

そのころから鍼灸治療をおこなうようになりました。

鍼灸治療をおこなうと**真っ白だった皮膚にも赤味がさし、発作を起こさなくなりました。食欲のない日でも鍼灸の後は食べました。**

そして、それから3年半をおだやかに過ごし、17歳で生涯を閉じました。

私の診療経験では、**鍼灸治療を受けているワンちゃんは、最期まで食べてくれます。**食べてくれることほど、飼い主さんをほっとさせることはありません。

前日まで、あるいは直前まで、散歩ができたというワンちゃんもたくさんいます。お別れはいつも悲しいものですが、最期まで楽しかった、苦しみが少なかったということは、飼い主さんにとって大きな慰め（なぐさ）になります。

最近はワンちゃんについても「ＱＯＬ（クオリティ・オブ・ライフ＝生活の質）」が考えられるようになってきました。高いＱＯＬを保ったまま、おだやかな最期が期待できることも、東洋医学のいいところだと思います。

獣医中医師の治療が受けられる病院

獣医中医師が治療をおこなっている病院は全国にあります。

日本獣医中医薬学院を運営している一般財団法人楓会のホームページ「一針多助　動物のための鍼灸漢方広場」にリストが掲載されていますので、お近くの獣医中医師を見つけるのに活用してください（リストは資格取得者が増えるたび、更新されます）。

「一針多助　動物のための鍼灸漢方広場」

http://shinkyu-pet.com/search/index.html

東洋医学を診療にとり入れる獣医師は確実に増えています。これまでお話ししたとおり、いろいろな疾患や症状に効果がありますので、どうかお気軽にご相談ください。

みなさんが大切なワンちゃんと長くいっしょに暮らせることを、そしてその日々が笑顔で満ちたものであることを、心から願っています。

あとがき

7歳のとき、初めて犬を飼いはじめました。ポメラニアンの女の子で名前を「ユリ」と名付けました。ずっと飼いたかった子犬は、子ダヌキのようにふわふわで、大きな瞳をキラキラ輝かせて私を待っていてくれました。いまでもその日の出会いの瞬間は鮮明に覚えています。

ユリは健康で、大きな病気をすることもなく、19歳まで長生きしました。私は、犬は病気をあまりしない動物なのだと勝手に思っていました。

そんなのんきな気持ちのまま、自然や動物が大好きというだけの理由で、私は獣医師になりました。でも、いざ動物病院で働きはじめると、さまざまな病気で苦しむ動物たちと向き合う日々となりました。

ワンちゃんについても、すこやかに育ち、ワクチン接種やフィラリア・ノミ・ダニ予防などだけで来院する健康なコたちもいましたが、多くはなんらかの病気を抱えていて、生涯を通じて薬が手放せなくなるコもいました。

衛生的な環境下で安全に飼育されている現代のワンちゃんは、予防のおかげで重篤な感染症や交通事故による骨折などはそれほど多くはありません。

一方、アトピーやアレルギー、消化器疾患、心疾患、泌尿器系疾患、腫瘍性疾患など、人と同じような現代病が増えています。治療で効果がみられる場合はいいのですが、なかなかむずかしい症例が多いのも事実です。

そんなころ、慢性腎不全の猫を飼っている友人からこんな話を聞きました。脱水気味になるため皮下補液（皮膚の下に輸液を注入する方法）に動物病院に通っているけれど、食欲がない。そこでためしに鍼灸治療をおこなっている動物病院へ行ったところ、食欲が回復した――。

西洋医学しか学んでいなかった私にとって、目からうろこでした。

実際、動物病院で働いていて、同じような症例にはいくつも遭遇していました。飼い主さんにとっては、どんな病気であっても愛犬や愛猫が「食べなくなる」ということほど心配なことはないのです。

獣医師が思っている以上に飼い主さんがなんとかしてほしいと切に願うのは、食べる気力を取り戻して、元気になるきっかけにしてほしいということです。

おりしも、友人の猫が鍼灸治療を受けた病院の先生方が、獣医師向けに東洋医学の専門学校を立ち上げると知り、私はその日本獣医中医薬学院の門をたたきました。

獣医中医学を学び、体得した技術を日常の診療に少しずつ取り入れはじめると、動物たちに変化があることがよくわかってきました。

実際に友人が話していたように、慢性腎不全で点滴を受けにきていたネコちゃんたちにもお灸を併用することで「帰宅後にごはんを食べました！」とのうれしい報告をいただくようになったのです。

このように中医学（鍼灸、推拿（すいな）、薬膳（やくぜん）による食養、漢方薬）は、一般的に知られている椎間板（ついかんばん）ヘルニア、関節炎などの痛み以外の治療も得意なのです。とくに体の中からととのえていくことで元気が回復し、気力がわいてくることがよくわかってきました。

なんとなく元気がない、白髪（しらが）（白い毛）が増えたなどの症状が出てきた中年以降のワンちゃんたちに対しても、これまでの獣医療では、血液検査をなどで問題が見つからなければ、「トシですから仕方ないですね」と言うしかありませんでした。

でもいまは、まだまだできることがあるという手応えをはっきりと感じています。

振り返ってみると、わが家のユリもドッグフードが嫌いでまったく食べなかったので、母が料理をしながらせっせと野菜を取り分けたり、食卓の肉や魚、お饅頭(まんじゅう)や季節のフルーツなどをいっしょに食べさせたりしていました。

いまから思えば、ゆるい感じながらけっこういい食養生をしていたようです。サロンなども行っていませんでしたが、自宅で日々ブラッシングやシャンプーをしていたので、トシをとってもふわふわの毛並みを保っていました。

何気なくやっていたブラッシングやシャンプーも、じつは気血の流れをよくするのに役立っていたのですね。まさに本書で推奨しているような暮らしをして、ユリは長生きしたのだなあとあらためて実感しています。

みなさんも、どうか東洋医学を活かした愛犬との暮らしをスタートさせて、病気になりにくい体づくりをしてあげてください。

東洋医学は、もともと未病（みびょう）のうちに崩れかけている体のバランスをととのえ、病気にさせないための医学でもあります。

たとえ病気を持っていても、体全体を元気にしていくことで、病気の影響を抑え、病気に負けず、おだやかに笑顔で過ごさせてあげることができます。

「こうしなければダメ」「ちゃんとやらなきゃ」などと思わなくて大丈夫です。本書で紹介したような考え方や養生法をできるところから取り入れて、ユリのように「わが家流」を見つけていただければいいと思います。

愛するワンちゃんと20年いっしょに暮らしたい——。

本書がそんなみなさんの愛情あふれる願いを実現する一助になれば幸いです。

ほしのどうぶつクリニック院長　星野浩子（ほしのひろこ）

著者略歴

ほしのどうぶつクリニック院長・獣医師・特級獣医中医師。

一九七五年、埼玉県に生まれる。埼玉県にある自由の森学園高校在学中に北海道へ行き、そこで暮らすことを決意。北海道江別市にある酪農学園大学酪農学部獣医学科に進学。卒業後は札幌市立円山動物園臨時職員を経て、二〇〇三年より東京都小平市にある内山動物病院にて小動物臨床に従事。勤務医をしながら二〇一二年より日本獣医中医薬学院にて中国五〇〇〇年の知恵にもとづく中医学を学び、二〇一六年往診で中医学的治療（鍼灸・推拿・食養・漢方薬）をおこなう動物専門クリニック「ほしのどうぶつクリニック」を開業。獣医師、特級獣医中医師、獣医推拿整体師、日本獣医中医薬学院非常勤講師。本書が初の著書となる。

www.hoshino-dou.com

愛犬と20年いっしょに暮らせる本
——いまから間に合うおうちケア

二〇一八年一一月九日　第一刷発行

著者　星野浩子
発行者　古屋信吾
発行所　株式会社さくら舎　http://www.sakurasha.com
東京都千代田区富士見一-二-一一　〒一〇二-〇〇七一
電話　営業　〇三-五二一一-六五三三　FAX　〇三-五二一一-六四八一
編集　〇三-五二一一-六四八〇　振替　〇〇一九〇-八-四〇二〇六〇

装丁　石間淳
装画　ねこまき（ミューズワーク）
本文組版　株式会社システムタンク
印刷・製本　中央精版印刷株式会社

ISBN978-4-86581-172-8